# 鳥のことばを語る

Birds and their Communication

中林 光生
Mitsuo Nakabayashi

溪水社

## まえがき

　鳥を見て楽しんでいながら、ふと我に返る。自分は何を見ているのか。何が心楽しいのか。私の楽しみとは何だろう。
　時間をかけて観察するのは楽しい。メモを取るのも楽しい。最近ではICレコーダーにその場で録音するので、秒数まで記録してくれる。写真を撮るのも大好きだ。ヤマセミの場合、ペレットが自然にたくさん集まった、などなど色々なものがたまってきた。しかし、私はどうもコレクターではなさそうで、物を集めても数を増やしてもさほど面白くない。ただ、一種類の生き物とずっとつきあうのが一番向いている。自然にそうなってしまう。

　記録のファイルに囲まれ、私はときどき道に迷いそうになる。目の前の鳥たちの内面、つまり「心の内」を考える。更に、その鳥たちは進化の道のどのあたりにいるのか、など私はあれこれ思い描くのだ。
　観察したことを整理するため、観察地の地図を拡大して使いやすいように編集を加え、B4版に印刷した用紙がある。それを大抵は1日1枚ずつ使い、その日のヤマセミの動きの詳細はもちろん、鳥の顔のスケッチ、飛行コース、環境のスケッチ、その他の鳥の記録、人との約束、私自身の体の調子など、思いついたことがぎっしりと書き込んである。全部で55ファイル、1ファイルに平均50枚の用紙が入っているので合計3195枚、読むとなると大変だ。

その生活記録は時に私に迫り、記録と記憶を私なりに整理したくなるのである。記憶であるから、まだ生のうちに整理しておかないと消えて流れてしまいそうだが、日ごとの観察で目にしたヤマセミたちの行動は、私の情緒に食い込み、忘れることのないものになっていた。記録は、日付、時間、飛行コースなどのスケッチ、写真など私の心の中に定着した様々なイメージの裏打ちをしてくれる。

　定着したイメージというのは、彼らの内面の動きにグイグイと引き込まれて私の心に擦りこまれたと言うべきものである。それらは、その姿にあふれ出る欲求、不満、苛立ち、いさかいなど、数え上げるときりがない。それらを書き記したメモを読み返し、私の情緒が納得して受けとめたことを日誌風に書き続けた。それらが小さな塊となり積み重なって、彼らの現実を語り始めた。彼らは彼らの「言語」で自分の意思を伝えあっている。それは、私の中で、動かしがたい真実となっていた。このように、彼らの「心」の存在、その働きを語る準備ができていったのである。

　ここで、あえて心とか情緒という言葉を使ってみた。証明しようもない鳥たちの内面をうかがい知るには情緒に頼るしかないと自覚しているからである。勿論、情緒という言葉は広い意味で使っている。直接喜怒哀楽と関わるわけではなく、目の前に起こる出来事に対応する基本的態度、どのように感じるか、どのように反応するか、その傾きをひっくるめている。

まえがき

　私は何に興味を持って歩んできたか。鳥を見る、観察するといっても、私の場合は運任せ、目の前にたまたま現れた鳥たちの行動がその世界を開いて見せてくれたのである。これが実感だ。自然を観察するといっても、調査というものであっても、私の態度は、できる限りあるがままに自然現象を一つ一つ見て歩くのが基本なのである。おまけに、「心」などを持ち込もうとしている。

　それだからといって、鳥たちの内面を探るために、何か「物差し」を使うようなことはしていない。私を支え導いてくれたのは、鳥の研究をした昔の人たちだ。その一人をあげれば、例えば、N. Tinbergen がある。その主張してきたことを出発点にしながら、私は歩んできた。ただ、実際の観察は、少しばかりの私の生き物に関する経験と、何より私自身の情緒が頼りであった。何よりも、楽しみの範囲を越えてしまうと元も子もない。その境界を越えないようにしてきたつもりだ。

　目の前に展開する興味ある事象は、タマシギの場合も、ヤマセミにしても、群れというよりは、単純に雄と雌の生活である。タマシギは群れといっても成鳥は 10 羽以内、ヤマセミはいつも雄と雌 2 羽だけが目の前にいた。鳥たちの活動となれば、普通は広くその社会行動を語ることになるかもしれないが、私の場合は、狭く絞って、雄と雌の生活が関心の中心を占めることになった。観察した事柄を土台にしながら、想像を働かせ鳥の雄と雌のかかわりをじっと見守ってきた。

　彼らが生き物としてどんな位置にいるのかについて時に考えることもあった。しかし、それは難物である。生き物の進化と

いう長い時間の暗闇に何の武器も持たず突進しているようなものである。

　そんな思いを抱き、主に鳥たちが現実に目の前で活動する姿を見つめながら、けなげに美しく生きる彼らの真実を求めた。本当に鳥たちとの交流に恵まれてきた。その交流から姿を見せたと思える彼らの真実、鳥たちの内面の絵模様はどんなものか見ていただきたい。

　2023.1.5　　　　　　　　　　　　　　　　　　　　　中林光生

# 目　次

まえがき……………………………………………………………i
挿絵一覧……………………………………………………………vii

## 第1章　鳥のことばを語る……………………3
生き物をじっと観察したい
自然と一体化する
鳥たちの内面に迫りたい
観察と証明
Signalling のこと

## 第2章　タマシギの Signalling（信号行動）……………28
実例1　若鳥たちの W.U.
実例2　成鳥たちの W.U.
実例3　雌の W.U.
実例4　翼に白い羽根を出す
実例5　雄の W.U.
実例6　雌の W.U.（追加）
実例7　雌が雄をなだめる場合
実例8　雌が道具を使う

## 幕間（まくあい）　新しい環境・新しい観察…………62

## 第3章　ヤマセミの棲む樹林……………68

## 第4章　ヤマセミの Signalling（信号行動） …………109
実例1　雛の滑空、親の滑空
実例2　つがいの「舞」
実例3　巣立ちをひかえた親たちのフライト
実例4　滑空飛行に没頭する
実例5　抗議の気分をフライトで「表現」
実例6　もう一つのつがいの語り合い
実例7　足場での雄雌のいさかい
実例8　雄が魚をプレゼントする

## 第5章　鳥たちは「表現」する ……………………147
性格の違いがもたらす行動の違い
ナリマサとオハルの場合
ナリマサが新しいことを始めた
オハルも杭を使いだした

## 付録 ………………………………………………………171
トシイエのつがいに変化
新しい雄（ヤマブキの君）が出現
縄張りの主の交代を時間の経過で見る

引用文献……………………………………………………177
あとがき……………………………………………………179
索引…………………………………………………………185

# 挿絵一覧

**第1章**
 1の① 日だまりのオオムシクイ
 1の② 250メートル定点
 1の③ 水中の足場
 1の④ ナリマサがオハルを説得している

**第2章**
 2の① 夕方の集合地で舞い踊る
 2の② 白い羽根を見せる雌
 2の③ C田の図
 2の④ 雄のW.U.
 2の⑤ 雌がわら屑をくわえて見せる
 2の⑥ 雌が胸を押し付けて見せる
 2の⑦ F田雌の巣

**幕間（まくあい）　新しい環境・新しい観察**

**第3章**
 3の① 舟で雌がにじり寄る
 3の② 雄が小石を運んできた
 3の③ 雌のプレゼント
 3の④ 嘴のくわえごっこ

**第4章**
 4の① 親は巣から舟に滑空
 4の② 2羽の舞
 4の③ 親たちのフライト
 4の④ 単独のフライト
 4の⑤ オマツの飛行図

4の⑥　朝のやりとり①
　4の⑦　朝のやりとり②
　4の⑧　朝のやりとり③
　4の⑨　朝のやりとり④
　4の⑩　朝のやりとり⑤
　4の⑪　丸太で雌が迫る
　4の⑫　トシイエが怒る
　4の⑬　雄がプレゼント

**第5章**
　5の①　若鳥のダイブ
　5の②　若鳥が葉っぱで遊ぶ
　5の③　のけぞるナリマサ
　5の④　トシイエが小石を運ぶ
　5の⑤　杭を使い始めたナリマサ

**付録**
　付録の①　トシイエとオマツ（元々の止まり木)
　付録の②　ナリマサとオハル（新しい止まり木)

鳥のことばを語る

# 第1章
# 鳥のことばを語る

　「鳥のことば」を語るなど生易しいことではなさそうである。更にタマシギとヤマセミが同じ本の中でどうして一緒に語られるのか、不思議かもしれない。

　というのは、ごく普通の感覚にしたがえば、タマシギは湿地帯、或いは湿田に棲み、ヤマセミは川の渓流沿いにいると思い描いてしまうからである。ちょっと、かけ離れすぎている。ただ、広島市内に私が初めて住んだ街にタマシギがいたし、次に引っ越した川沿いの家の近くにヤマセミが偶々いたのである。それで私はその2種とは切っても切れない縁ができてしまった。彼らヤマセミを見ているうちに、時に応じて目の前で行きかう微妙な「ことば」の世界を自然にタマシギたちの「ことば」と比較し、鳥たちの行動とその内なるもののつながりに強く感応するようになったのである。

　タマシギとヤマセミ、この2種の鳥はおよそかけ離れた生活をしているが、取り上げてその実態を並べ比べてみると、程度の差こそあれ、というより差があるからこそそれぞれの鳥の実情がじわじわと私の心に迫るのであった。

　生き物を見る、生き物について語るとなると、人間が鳥を見

る、即ち人間の感情、行動と比較して、判断を下しがちである。人間中心主義に陥る傾向が強い。それ故、観察を語る際には、どうしても生き物を見ている人間の在り方、かかわっている人間の個人の感受性がかなり大きな要素になる。それだから、「鳥のことば」について語る前に、観察する「私」の実際の姿がどんなものかを語るのが順序ではないかと思う。

　鳥を見る、言いかえると「観察」する方法は人によって様々である。うんと科学的に進める、つまり、見ている人間の姿を透明にしてしまう人から、情緒的に接する人まである。「ことば」などと言ってしまった私は、情緒的な側に傾いている。私の観察は研究を目指して始めたわけではない。どうしてもやりたい楽しみのためのものと言えばよいだろう。ただ、長い観察をするうちに鳥たちの動作、表情に現れるものが私の心に響き、それを私は代弁せざるを得なくなったのである。

　更に、上にあげた2種の鳥にしても、偶々と言ったように、私の意志で選んだものではない。珍しいからでもなく、注目を浴びそうだからでもなく、気が付いたら私のそばにいたのである。タマシギは、鳥好きの私の住まいの近くにある数枚の田んぼに棲んでいた。街とはいえ人通りはそれほど多くないところである。観察はとても自由に行えた。

　また、ヤマセミには、タマシギの観察が終わり、20年ばかりたった頃に出会った。タマシギのいた牛田の街から太田川を約10キロ遡った川沿いに引っ越した時である。そこで偶然に出会ってしまったのだ。その時、私は高さ約3メートルの枯れたウルシの木の下にいた。全く知らなかったが、その木は彼ら

第1章　鳥のことばを語る

お好みの止まり木になっていたのである。しばらくして、すごい勢いで追い立てられ、必死で逃げた。

　ただ、追い立てられたものの、私は間もなく気が付いた。そこはずっと以前より漁師さんたちが立ち入る場所であり、舟をつないでおく場所でもあった。その人たちと同じようにふるまいながら、気をつけてそこに立ち入れば、まるで騒がれることはないのである。ヤマセミたちの「気分」を理解し、それを尊重しながら、その辺りに立ち入ることになった。人間と鳥たちとのつながりを引き継いで、その自然に出来上がった世界の中にそっと入りこむことから、私の観察が始まったのである。ここでも観察上の制約はなかった。

　タマシギとは、その広島市内の田んぼが数枚残る古い住宅地で7年、引越しした太田川沿いの矢口ではヤマセミと13年間つきあってきた。

　実は、付き合いの長さでいえば、別の鳥がいる。タマシギとヤマセミの観察の間にある20年という空白期間を含め約50年の間に、大げさに言うと、季節が来ると私につきまとってきた鳥である。上記のタマシギにかかわるより以前から私が間借りしていた家にやってきていて、その鳥がやってきた時の気分は私の態度を最もよく映し出してくれると思う。まずその鳥、コメボソムシクイ（現在はオオムシクイ）から始めることにしよう。

　なぜなら、それが「鳥のことばを語る」というテーマを物語るきっかけを作ってくれるだろうからである。ただ、間借りし

た家での経験は、前著、『ナチュラル・ヒストリーの喜び』の41ページを読んでいただくことにして、ここでは、1999年6月5日の出来事だけ取り上げてみる。これは、『大きなニレと野生のものたち』からの引用である。文章はその本の舞台となる山小屋を使った人からの現地リポートの形をとっているので、です・ます調になっている。

　その小屋とは、仲間といっしょに持っている西中国山地の山小屋のことである。そこで畑仕事をしていた。一人で泊まっていて、朝食を済ませるとすぐ作業にかかった。土砂を積み上げたままの部分があって、そこを畑にし、ヒマワリでもまず植えようとしていた。

　　石が多くて一つも作業ははかどりません。鍬が石にあたって土を掘るどころでないのですが、ふるっている鍬がカチン、カチンと石にあたるたびに、すぐ西のコナラの林から鳥の鳴き声がするのに気づきました。コメボソムシクイのようです。また鍬を振ると、ジッ、ジッ、ジッと前奏が入ってからチロロチロロ、チロロチロロをいう声が続きました。わざと乱暴に音を立てるとそれに応じて声のボリュームがあがるので、<u>楽しくなってしまい</u>、暑い日差しの中7時半から9時半までずっと畑仕事をすることになってしまいました。(p.108)

　下線を引いた部分を読んだ知人の一人は、楽しいという気分が分からないと言った。なぜ楽しいか説明するのは難しいのだが、それは私の生来の癖だということにした。分からないと

第1章　鳥のことばを語る

言った人が思い描く楽しさ、鳥好きの人の大方の反応について聞いたわけではないが、私が鍬をふるってその鳥の反応を確かめる以外何もしなかったところが問題だったのだろうと思うことにした。

　なぜそんなに楽しいのか。それは大問題に違いない。私自身の最近の様子を持ち出せば、大抵川岸に作った石の腰掛に座り、鳥の行動を見守っている。それだけのことだけれど、無心になってじっと座っていると、何がなくとも、様々なことが目、耳に入ってくる。それは数限りない。それらが寄り集まり周りの自然そのものが私の心を刺激し、魂を充足させてくれる。ただそれだけで心地よいのだ。そのような心の働きがあるから、私にとってはごく自然なことと言えばよいのだろう。

　その中でもこのコメボソムシクイは特別な存在である。そんなに小さく、体長13センチメートルばかりの野生の鳥が、私を意識し、近づく。しかもうんと近くにやってくるだけでも、ワクワクする出来事ではないか。
　更に、こちらの動きに反応して囀りだすのだ。会話をするように小鳥と人間が反応しあう。不思議ではないか。私の知る限り、彼らは好戦的だと思ったらよいだろう。けれども、そのような条件を越えて、その鳥はただただ囀り、それに合わせて私は夢中になって鍬をふるってしまうなど信じがたいことかもしれないが、それを喜び、或いは楽しみと言わずになんとしよう。

　私の経験では、この鳥は本当にやんちゃ坊主なのだ。そんな

風だから、現在住んでいる家にいて声が聞こえると、すぐそばの丘の斜面に行ってみる。すると必ずすぐ近くにやってきて囀るのだ。これが楽しいので、毎年5月26日近くになると何となく待ち構える。別の公園でも、近くの別の林でも同じことが起こる。

　私がしていたことは、あちこち歩きまわって、見た鳥の種類を増やそうとする楽しみとは少し違う。鳥と反応しあうことの楽しさなのだ。人間の言葉を持たない野生の生き物たちと、ともかく交信しあうことができるなどまたとないチャンスではないか。

　そんなことが、西中国山地の小さな村落の林縁部でも起こったというわけである。よくぞやってきた。渡り途中のこの鳥が鍬の音に反応して近づいてきた。そして競い合うように囀る。その時の一体感、この大地に立って、生命と生命が響きあうな

1の①　日だまりのオオムシクイ（2016.10.25, 10:37a.m.）

第1章　鳥のことばを語る

ど、この上なく心揺さぶられる一瞬ではないか。この種の感覚を忘れたくないのである。鳥にはこの生命の語り合いを鳴き声に乗せて伝えるための言葉、つまり囀りがあると信じてしまう一瞬なのである。

　この絵のもとになった写真の主は、私のいつもの観察地、太田川中流の河原にあるヤナギ林の林縁で出会った個体である。この時、私はたまたまそこに咲き残っていたサクラタデの写真を撮っていた。しばらくして、私の後ろでジジッ、ジジッと鳴く声がする。遠のいたかと思ったら、また帰ってきた。それで振り返って見ると小さいクワの木の葉陰をちらちらと動く姿があった。いつものように、近づいては鳴く。この鳥からすると警戒か威嚇をしているのであろうが、まとわりつくと言うべきか、そんなにそばまで繰り返しやってきて鳴くからには、相手にならないでほっておくわけにはいかないのである。

　しかし、出会ったと言ったが、私からすれば、そいつに背を向け、何の関心も示していないのに、**わざわざ近づいてきて呼びかけてくれる**のであるから、嬉しいのである。
　その言葉は人間の言葉とは違っているかもしれないが、伝わってくるものがある。それを生み出す**内なるエネルギーの高まりがジジッ、ジジッという声になっている**と私には感じられた。ジジッは彼らのつぶやきである。一種の自己主張、或いは軽い警戒の鳴き声のようだ。その自己主張は彼らの「**心**」**の表われ**とみなしてよいのではないか。

彼らは人好きというよりは、かなり好戦的で、私に対抗しようとしているだけかもしれないが、人懐っこいというしかない行動の仕方である。せっかくなので3枚だけ記念撮影をした。後にも先にも、彼らの写真はこの3枚だけである。後はどのように振舞うのかその動きを見ていた。先に語った山小屋の出会いでも、相手の出方を見ながら、できるだけ長くその声を聴いていたかったのである。

　こんな具合で、私の観察はともかく観察である。ただ見ることに没頭してしまう質なのだ。写真で記録するのは最後の最後になる。「カメラを持たないで歩く」と友人によく非難されるが、この癖は治らない。これは実は少しは意図的なところがあって、よほど重要だと思う場面だったとしても、また出直して運が良ければ撮ればいいではないかと思っている。その鳥の行動がそんなに重要なら、必ずまたその鳥は同じことをするに違いないと信じていたのである。

　それに、カメラを持って歩くと、写真を撮ることに対する欲求に引きずられがちで、私は自由でなくなるからである。さらに、ヤマセミの場合は遠くから見ることもあって、カメラを持って行くことすら普段考えない。だから私の写真の多くは、偶々撮ることができたという類のものと言えばよいだろう。その多くは、ハイドからのもので、この日は重要だと思う時だけそのハイドに入り撮影したのだ。使った時間は、観察時間の2割くらいにしかならない。

　こんな具合に、私は観察と言いながら、ただただ見ることを楽しむことにほとんどの時間を使いがちなのである。見て、じっと見続けて、その先になにかが見えてくれば幸いである。

第1章　鳥のことばを語る

## 生き物をじっと観察したい

　いまさら、観察についてとやかく言うのはと批判されるかもしれないが、これから述べていくことの核心にあることであり、私の出発点である。欠かすことはできない。私の経験をもとにして言えば、観察にはそれなりの環境が整っていないとうまく進行しないのである。

　それに、私の観察は研究というものではないだろう。自然界の実際生きている生き物たちに囲まれ、自然環境に恵まれ、それをまず楽しみたいのである。それに、何より相手の鳥、或いは鳥たちと相性が良いということが肝心だと私は考えている。さらに、その環境にまつわる人々に恵まれるならもう言うことはない。だから、何か彼らについて書いたとしても、楽しんだ結果であり、書くために彼らを見ているわけでもないというのが当たっているようだ。

　例えば、牛田のタマシギの場合、幸運にも、ある人と知り合いになり、タマシギの棲む田んぼに接しているその人のビルの一部、資材置き場を観察場所に提供してもらえたし、矢口のヤマセミの場合は、13年間を通して、漁をする人たちの愛情あふれる協力にも恵まれ、その漁師の人たちと同じようにふるまった。肝心のヤマセミたちに嫌がられずその環境の一部のような日々を過ごす喜びにあふれていた。

　彼らに嫌がられないために、私はできるだけのことはした。こんなに長い間自由に彼らを見られたことは何とも恵まれていたが、それだけに工夫を凝らして、「観察」をした。そして自

分の観察について随分考えた。彼らを私は観察の対象にしてしまったが、観察のための「もの」にしてしまいたくない。彼らを傷つけないで楽しく見守るにはどうしたらいいか。

しかし、どんなに努力しても、私は観察者なので。彼ら自然の者たちとは一線を画し、高い所から見ているに違いない。我々人間は自然から離れてしまった生き物である。特別な存在として我が物顔でふるまう権利はあるのだろうかと思ってしまう。そこを自覚しながら、毎日のように見続けていた。

それ故、観察をする私自身のいる場所が大変重要であった。彼らの懐に入り込みたい。しかし邪魔をしたくない。随分思い悩んだ。その結果**300メートルポイント**というものを選んでそこに座ることにした。何度も試し、ヤマセミたちはどのくらいの距離に人間が姿を見せると不安定な様子を示すか何度も実際に試した。距離が決められれば次は相手にも私にも都合の良い場所選びである。

川の中央に向けて河原がグッと伸びでたところがあって、そこからだと葦の群落に包まれヤマセミの活動域だけが見渡せた。彼らの活動の中心部から丁度300メートルである。そこでも、河原の石を積んで座るための腰掛を作った。増水している時を除いてずっとそこで観察した。ヤマセミの観察の約80から90パーセントはそこからの観察である。朝の最初の出現から、日常の活動、夕方彼らが現場を去る姿、巣穴にとりつく親の姿、巣穴から覗く雛たちの様子もすべて見ることができた。ただ、増水すると陸地側およそ250メートル地点に設けてあるもう一つの定点に座った。

第1章　鳥のことばを語る

1の②　250メートル定点

　活動を続ける彼らを毎日のように見た。同じところから、広い視界を確保しながら、見続けてノートを取り、前の年の活動と比べた。新しいつがいが同じ繁殖場所を使うようになると、両つがいを比較検討する。これは、後で述べるようにハイドに入りヤマセミたちに囲まれその生活を覗き見ることと同様、無類に楽しいことであった。

## 自然と一体化する

　ただし、この遠くからヤマセミたちの行動全体を見続ける行為は観察である。自然から離れてしまった我々人間は、どこか

で機会あるごとにその頼りない状態を埋めようとする。自然、植物も含めた生き物に近づきたくなるようである。私はできる限り正確に、先入観なしに彼らの行動を見守ることに努めた。しかし、当然であるが、300メートルポイントからでは、彼らのつぶやき、細かい動作、表情は読み取りにくい。

そこで、工夫したのが**ゴミ山ハイド**（増水で木に引っかかった葦の茎などの大きな塊をくりぬいたもの）と呼んでいるものと、もう一つの隠れ家である。そこからは止まり木を川上側から見られるし、ゴミ山ハイドに入れば、川下側から止まり木を見られる。必要に応じてどちらかに入った。川上側と川下側の両方から止まり木に止まった彼らの仕草を見たのである。それらに入れば、彼らの低い小さなつぶやきまで聞き取ることができた。その2つのハイドのどちらに入っていても、頭上ではヤマセミたちのつぶやきがあり、地上では私のまわりをキジが歩き回り、季節に応じて小鳥たちの声に包まれ、コオロギの声は耳にじんじんと響いた。

私はヤマセミの棲む世界の生き物たちを間近に感じながら次第にその世界に溶け込んで、**一体化**した心もちになるのであった。あとで語ることになる林縁部の生き物たちは、この一体化の雰囲気を生み出す土台となったのである。

ヤマセミはこの太田川の河畔林の中に棲んでいる。その林全体を一度に眺められる位置に座りながら外側から見ていた。そして川のその時々の状況、林の様子まで含め観察することにもなった。ただ、先に語った300メートルポイントに出るために歩いて通る柳林の一角、林縁の日だまりも、気が付いたら、私の観察の中に組み込まれていた。

第1章　鳥のことばを語る

1の③　水中の足場

　ヤマセミの観察は、それ故、一種類の鳥の観察を超え、ヤナギ林の自然環境を丸ごと見続け、その中にどっぷりとつかることでもあった。観察をしながら、いろんなお膳立てをした。水中に彼らの使いやすいと思われる足場を作ったのも、ヤマセミたちが足を休める場所の一つが冬になるとなくなるからだ。冬場は、舟を乾かすため漁師は舟を陸にあげるから、羽根を休めるところを用意したのだ。そんなわけで、水辺を使う漁師さんたちとも相談し、協力を得ながら観察は進んだ。

　それに、彼らの行動から、土手にとまるところが欲しそうなのを私は感じ取り枯れ木の枝を土手に取り付けた。つまり、彼らヤマセミたちの生活、思いを推察し、彼らの生活に参加する

試みをするなど、彼らの行動と一体化しようという情緒的なかかわり方を持ち込んでもいたのである。

このように、私の始めた観察は、彼らの「思い」に寄り添いながら、活動しやすいだろうと考えていろいろなものを作ることも含んでいた。文字通りその道筋で様々なお膳立てを自然に用意していた。だから、私の観察は自然をあくまで外側から見守る観察であるけれど、生き物たちとの一体化した状況をできるだけ工夫して用意するという態度と張り合わせたものであった。300メートルポイントに出るときは早朝だ。夜明けころだから暗いので林縁部はそのまま通り過ぎ、ポイントに出て観察を約2時間する。そして帰る途中でその日だまりに座りそこの生き物たちに囲まれて過ごすのがよくある私の朝の活動であった。

ヤマセミたちをずっと遠くから見ている。ただ、ほとんどの時間、ヤナギ林の間の水面を見ているのだから、ヤマセミを見るといっても、甲高い鳴き声をたてるヤマセミの姿も遠い記憶の中の風景の一場面のように映りだす。鳥たちも環境も何か観照の対象になった。その鳥たちの飛び回る空間は私の見える現実を越え、遥かに遠い世界に入りこんで、静かに瞑想をしているような気分になる。

ただ意外にも、すぐ近くの林縁の日だまりとそこの生き物たちが、私を現実に引き戻す。虫から鳥、動物たちは私の感情を揺さぶり、私のヤマセミ観察に厚みをもたらしてくれた。私は、いつもこの2つの態度の間を自然に行き来することになったのである。

第1章 鳥のことばを語る

## 鳥たちの内面に迫りたい

　太田川沿いに移ってから数年して、遠くからヤマセミの生活を見守り始めた。そして詳しく記録した。もう一方ではハイドに入りヤマセミたちの息づかいに囲まれて過ごす。さらに、ヤナギ林の林縁部の日だまりに座り込み、ただぼんやりと生き物たちに親しむ。しかし、こんなことをしている意味はどこにあるのか、時々考えた。

　ヤマセミたちの生活ぶりには随分と慣れ親しんだ。ヤマセミたちが次にどうするかもおよそ見当がついた。しかし私は人間である。人間の言葉で彼らの行動を推し量っている。どこかで彼らの生の声を見失っていないか。都合よく解釈してしまっていないか。命の在り方についてあれこれと考えることがあった。

　生き物をじっと見るのは、実は小さいころ中学に入ったころの遊びによく表れていたことを思い出す。個人的な経験をここで披露するのを許していただきたい。私は、親戚の叔父の農場に接した山を一人で歩き回るのが好きで、それが習慣になっていた。そこで拾った動物の頭の骨をよく接写した。

　そこで、私は生き物について、何かを感じていたに違いない。その骨の形が、ちょっと大げさになるが、私を魅了していたのだ。

　カメラは接写に強いもので、それだけで楽しかった。叔父がカメラに詳しいこともあり、いろいろアドバイスも受けた。その他モウセンゴケの群落も見つけじっと見続けた。じっと見て、接写するという行動はその時身についてしまい、今でも変

わらないのである。どんなに長いレンズを使っても接写の気分である。まず観察、そしてカメラは私にとって最終的に記録するものなのである。

それ故、ハイドに入って撮影するにしても、間近で動くヤマセミたちに囲まれながら、私に必要な映像、普段遠くから見ていてこれが肝心だと思うもの、つまり、彼らの物語がそこにあるような映像を獲得したかったのである。

物語があるというのは、そこに彼らの内面がにじみ出ているような画像である。しかし、問題はその内面だ。鳥に内面があるのかとたちまち言われそうであるが、私の観察の、とくに鳥たちと一体になるという情緒的経験は、観察というものが持つ人間の都合を和らげてくれるのである。

人間はほかの生き物とは違ったものだという人間中心主義のぬぐいがたい世界観に囲まれ、過去の沢山の人たちもこの点で随分苦しんでいる。なにしろ、情緒的であると、たちまち価値のないものと断定されてしまうのであるから、やりにくいのである。

またもや私自身の問題に帰って、なぜこれまで、そんなに一体化などにこだわっていたのか考えてみた。例えば、『動物に魂はあるのか』という本の中には参考になる考え方があった。そこに引用されていたプレスナーの言葉を引用してみよう。

「人間は世界との間に距離を感じ……自分自身とさえ距離を感じる。」そして、「人間は本質的に故郷喪失的な性質を抱えている。」(p.186)。

私自身の問題をズバリと指摘しているようで、納得したのである。私は小さいころから、この喪失感を埋めるようなことを

第1章　鳥のことばを語る

自然にしていたに違いない。習い性になって、80歳を超えた今でも続けているのである。

　ただし、この傾向、感情移入をするということは情緒的にこの世界を理解しようとする態度ではないか。まんざら悲しむべきことでもないのではないかと思うことにした。生き物たち、ここでは鳥たちの動きの内側をうかがうのに、誠実な観察に加え情緒的な接し方があれば、これは最も自然で有効的に彼らの行動の現実に迫る手立てになると確信するようになったのである。

　私は、河原の石の腰掛に座り、ただただ彼らの動き、彼ら同士のかかわり方、力関係、季節の変化などつぶさに見守った。この腰掛石は第5章にちょっと触れるイギリスの詩人、ワーズワースを真似たわけではない（P.148を参照）。できるだけ人工物を河原に持ち込まず、元の自然のままの風景の中で過ごしたかったからである。

　雨の日はもちろん、嵐の日も三脚に取り付けた大型の傘を必死に支えながら観察していた。無理をしたわけではなく、これらは実に楽しいことだったのである。

　こんな風に過ごしながら、彼らがこんなことをしたら次にはこんなことが起こるなど、彼らの行動、仕草の内側にあると思える内面の動きに見当をつけることができるようになってきた。彼らは、あれこれと行動でお互いに伝えあっている、人間の言葉ではないけれども、彼らはちゃんとその行動という約束事で伝達しあっているではないかと思いだした。それまで、彼らがいわば「会話」しているなど思いもしていなかったことを反省したのである。私は、彼らの動作を観察しなおした。とも

かく観察を続けた。

## 観察と証明

　ここまで語ってきたように、私は自分の情緒が指し示すままに観察を続けてきた。「証明しようもない鳥たちの内面」と「まえがき」に書いたが、その内面に迫ったと思ったときにそれをどんな形で表現するか、どんな風に人々の腑に落ちるよう伝えられるか、途方もない課題のように見える。

　どれほど努力しても、主観的と言われかねない。主観とか客観はどう違うのだろう。客観的と映らないと証明とはならないかもしれない。客観的と認識されるには、現代では科学的手法、或いは数を使わないといけないのだろう。ただ、証明という言葉に多少違和感を覚えている。生き物の生きる姿を証明とはとても言い難いではないか。

　相手の生き物だけではない。見つめる私の体験も科学的理論に閉じ込めてしまことは受けいれ難い。その生き物も私自身も生きているのだ。それを人間の都合で理論というものでしばり、「モノ」にしてしまうことは避けたいのである。何でも科学、数量化とはいかないであろう。

　それではどうすればいいかとなると、私のすべきことは、情緒を活性化することである。ここで私の言う情緒とは、単なる喜怒哀楽ではなく、我々の心の働きなのだ。生き物に相対する時に感じる生き生きした心の働きに目をつぶりたくない。その生の感動を干からびた「モノ」にしたくない。人間を動かすもっとおおらかなものの見方をそのままにして通りすぎること

第1章　鳥のことばを語る

はしたくないのだ。

　私は、基本的にはこんな態度で鳥たちを見てきた。たった一回しか目撃しないことがあっても、人間の感動は少しも変わらない。感動の重さは変わらない。何度も同じ事象を経験しないと意味がないのだろうか。一回だけの現象の重さが減る、或いは無視してもよい、とは言い難いのである。

　私はここまで偶然という言葉をよく使ってきた。これは一回だけの現象と同じように、私の目の前で起こったことを掬い取った生の生活であり、とれたての生きた事実なのである。それが生かせないようでは、この世は硬直した荒涼とした世界になりかねない。それが人々を苦しめていることに本気で取り組むべきなのではないか。

　タマシギもヤマセミも、ほんの偶然に出会った。その後の観察にしても、偶然、一回限りの事実に取り囲まれている。このようになってしまうと言うのが正直のところで、そのように生き物に反応してきたのである。偶然性、一回性、それはそれでいいではないか。確かにこの世界で起こったことである。

　ヒロシマの太田川の川辺にある、ヤナギ林で起こったことで、偶然に見たことは一般化できないではないかとする意見も起こるかもしれない。

　それに対しては、このように答えよう。
　じっと河原の決まった場所に座り、長い間鳥たちの動きを見守っているうちに、彼らの生命の波動と私の心の波動が絡み合い、だんだんと調和して私の心のなかで大きく響くようになる

と言ったらよいだろうか。そこで、私は感動し、その鳥たちの動き、素振り、つぶやきがくっきりと心に刻み込まれる。何かしてやろうとこちらの都合を持ち出すと、何も見えなくなる。心をむなしくしたところで彼らの思い、意図が私の心に届きだす。この過程がとても楽しい。この楽しみのために私は観察をしているのではないかと私は思っている。

　この経験の過程を私は情緒の働きによる物事の把握と考えているのだ。このような態度に従いこの本を書いているように思う。

　この次の項目では、Signalling（信号）というティンバーゲンの使った言葉について考えてみた。更に、第3章では、柳林日誌から主だった部分を引用した。

　それらは一回限りの出会い、生きの良い経験を書き綴ったものである。日誌は私のとても狭い観察地で経験したことである。ヤマセミの棲む柳林の生き物たちの生活のあり様であると同時に、私自身の生き生きした経験の記録でもある。採り上げた植物にしろ、昆虫にしろ、そのちょっとした出会いの背景に大きな物語を抱いている。それを掬い取り、言葉に乗せてそこに記録したのである。

　観察と証明にかかわって、写真を使うことも勿論考えた。ただ、この本では写真をもとにさし絵を使っている。写真からさし絵にするには、とても苦労があったと思われるが、なぜさし絵にしたかは、本の文章の間にある写真に対する私の思いがあるからである。写真は大好きだ。しかし、その写真を文章に

沿って加えると、文章がつくりだそうとしている内容からはみ出して、視覚の喜びの方向に向かってしまい、文字の世界にしっかりなじまないと感じる。文章の間にあるさし絵は、その文章が目指している思いなり、雰囲気を支え、邪魔をするところが少ないように感じているのである。

## Signallingのこと

多くの人の自然に対する態度に何かおかしいところがあると感じてきた。鳥たちの様々な動作を解釈するその見方にしっくりこないところがあった。これまでいろいろな人の解釈を見てみた。とくにイギリスの生物学者、ティンバーゲンには以前よりたくさんのことを教えられてきた。よく読んでいたその本、*Social Behaviour in Animals* は特に参考にしていた。しかし、今読んでみると何か居心地が悪い。その原因は、その言葉の使い方ににじむ根本的な自然に対する態度にあるようであった。

Signalling はティンバーゲンの使っている言葉である。これは、「合図をすること」であろう。私は、尊敬するティンバーゲンの上げ足をとろうとしているのではないことをここで断っておきたい。私としてはこの言葉の意図するところを自分なりにはっきりとしないと居心地が悪いのである。この言葉自身、人間の言葉なのだ。その言葉を聞くと、何らかの意図をもって相手に合図をするという図が普通に我々の頭にうかぶ。
ティンバーゲンは、鳥について語る時にも、言葉とか、意図

を持った行動などと言うのは避けているようだ。それでSignallingといった言葉を使っているのだろう。人間には"speech"（言葉）という言葉を使い、動物には"Signal"（合図、或いは信号）を当て、出発点から別のものという設定で話し始めているのである。

　違和感は、"emotional language"という言葉の使い方に関して頂点に達した。その意味は、私の経験からすると、「感情の爆発から思わず出てくる言葉」といったものであろう。そこのところのティンバーゲン自身の説明は次のようである。

　動物の"signalling behaviour（信号行動）は、人間の赤ん坊の叫び声にたとえられる。あるいは、あらゆる年代の成人が発する怒り、恐れの"involuntary expressions"（思わず発する言葉という日本語を当てておく）である。そのような人間の情緒的言語は"deliberate speech"（意図をもって発した言語）とは違う。動物の言語は我々の情緒的言語のレベルのものである。(P.74)

　この赤ん坊の叫びなどはとても分かりやすい比喩である。しかし、それには、"signal"という言葉がすでにあてられている。言葉ではなく信号とされてしまっているのである。それは、あくまで観察している人間と赤ん坊との単なる便利な比較によるものではないのか。赤ん坊の反応は生き物の反応と同類のものとし、心はない。それ故初めから生き物には心がないとして出発しているのであろう。情緒的言語の中に赤ん坊を閉じ

第1章 鳥のことばを語る

込めてしまえば、人間のその後の「意図を伴う振る舞い」という行為はどのように考えればよいのか。

赤ん坊の叫びがSignalだとして、それが合図と解釈できるなら、その合図は、何らかの意図を内蔵している可能性がある。どこまで行っても、そのSignalには意図が含まれていると言わざるを得ない。

**情緒的な言語にすべての人間の言語表現が内蔵されているのではないか。**もし、それが当たっているとすれば、生き物たちにも同様なことが言えるであろう。

赤ん坊の叫びと成人の言葉のどこで境界線を引くことができるのか。その叫びに意図的なものが入るかどうかを、どこで、誰が判断するのか。2つとも同じ人間の行動で、本質は同じであろう。鳥に対しても同じことが言えるのではないか。

ここで繁殖期のヤマセミたちを取り上げ、話を始めたい。例

1の④　ナリマサがオハルを説得している（2014.3.28）

えば、次の絵など、まさに説得の場面である。なかなか巣に向かわない雌のオハルに面と向かい雄のナリマサが尻尾をぴんと立て相当興奮気味に迫っている場面である。

　つまり、ナリマサははっきりとして思いを抱いて、その思いをつがいの相手にしきりに伝えようと体を動かしている。思いを抱きそれを相手に伝える意図的な行動を見せているのである。
　なぜこんな風に語るか、それは、長年の観察の積み重ねが必然的に導き出したものである。彼らの姿勢、体の動き、それに飛び回る様子から滲み出す彼らの「言葉」が聞こえるようになったからである。

　どちらかと言えば東洋的な私の感じ方は、どこまで行っても、ティンバーゲンの感じ方の中に流れる西洋的な態度とは相いれないのかもしれない。もう一つつけ加えておくと、そのティンバーゲンの本の中には、"persuation"（説得）という項目まである。確かに生き物にはそれらしい場面を指摘したい時があるが、この言葉の使用など、やはり、「相手に何かさせようとの意図をもって迫る」ことが避けられないことをティンバーゲンは告白していると言ってもよいだろう。「意図をもって」ということになれば、彼らは何か思いがある、内面の動きがある、それを「心」と言わずにはいられない。
　私は当然ながら、説得という行動について、上の絵以外にも、この本中で何度も実例をあげて語るのであるが、ティンバーゲンといえども、生き物の「意図」は隠そうとしても隠しとおせなかったように見える。

# 第1章　鳥のことばを語る

　ヤマセミたちの行動には様々な意図が潜んでいる。つがいの相手に何かをしてもらいたいことがあるのに、相手はひとつも動かない。そのような時に見せる行動、姿勢には、毎日何度もお目にかかった。見ている私もその姿勢に同じような意図を感じだした。それは人間と同じような説得に違いない。なぜ信号として区別してしまうのか。そんなもやもやとした思いを解消させてくれた場面が上の絵である。この行動は説得以外の何物でもない。彼らはこのような言葉を身に着けている。信号行動という言葉でこのような行動をひとくくりにしてしまうのを私は差し控えたいのである。彼らは人間のような言葉を持っていないが、彼らの言葉を使っているのである。

　意図を持った行動、つまり説得と解釈される行動がある。それは実例で示したとおりである。それに反応して更に様々なふるまい、姿勢、を見てきた。私の長い観察の間、毎日のように目の前に展開した。その展開の中で彼らの内面の動き感じ取り、彼らの姿にその内面が映し出されていると見たのである。私としては、それは自然な結果である。その彼らの行動を生き物のただの直接的反射運動として信号と呼ぶのはどうであろうか。無理があると言わざるを得ないのである。

　次の章から、タマシギ、ヤマセミと辿りながら、実例をあげて、鳥たちの内面のあり様を探ってみることにしたい。

# 第2章
# タマシギの Signalling（信号行動）

　タマシギの雄と雌の間のやりとり、人間に対する反応には、その表情、姿勢にとても微妙な変化しかなく、捉えにくいのであるが、それらをひとまとめにして、あえて仮に信号行動という言葉を当てて語り始めることにしようと思う。第1章でふれたように、生き物のこの行動に"Signalling"という言葉を当てているのは、Tinbergen だが、その人を尊重してここではその言葉を使うことにした。

　**タマシギたちは、生まれて間もなくから翼をまっすぐ上にあげる動作をする。生まれてからまだ1週間くらいの頃だ。親の動作をまねるという経験の積み重ねからくるとは思えず、外からの影響に対する瞬間的反射なのである。生まれつきもっている反射運動ととらえるのが自然だと思う。**
　この翼をあげる動作を私は、"wing-up"と呼んでいた。略して、W.U.である。以後、この略号を使うことにしたい。

　彼らの生息地は街中で、生まれたその田の隣の家のドアがバタンとしまったりすることがある。それに反応して反射的に雛たちはいっせいに翼をあげるのである。これは、外界の刺激にただ直接に反応した動作に違いない。ただ、私はそこにとどま

第 2 章　タマシギの Signalling（信号行動）

りたくないのだ。この動きがただの反射であり、赤ん坊の叫び[注]と同類のものとして「信号行動」の中に閉じ込めておくことには納得いかないのである。

　確かに、生得的反応、例えば学ばずとも巣をつくるなどの行動は、生得の遺伝的特性として存在しているのであるが、赤ん坊の叫びの中に、内面の動きの源があると私は信じている。タマシギ若鳥の W.U. に、すなわち Signalling に、驚きも、威嚇も、更に喜びの芽もあって、場合に応じて様々な「意図」、「思い」を彼らは意図せずではあるが、盛り込んでいると考えるのが自然ではないか。

　信号行動は、これから取り上げるように、何らかの意図、内面の動きの反映ととらえるほうが彼らの真実に近いのではないだろうか。そうだとすれば、特に、W.U. を単純に直接的反射運動のなかにひとまとめにして片づけてしまうのは相当に乱暴な理屈と言わねばならない。それでは、彼らの真実は落ちこぼれてしまう。つまり、彼らの W.U. は無味乾燥な信号ではなく、表現の可能性を秘めたもの、彼らが生活の様々な場面に応じて使い分けるようになる言葉の源であると私は言いたいのである。

注：「赤ん坊の叫び」は、それ以上の説明がない。Tinbergen の表現は、"the crying of the human baby"（p.74）である。つまり、それは普通の赤ん坊の泣き声を言っているのであろう。声の変化、鳴く時の状況などに言及していない。だとすると、赤ん坊の泣く理由などへの思いはここでは触れず、ひとまとめに赤ん坊の泣き声なのである。
　そこで私の気にかかることは、赤ん坊の要求がその泣き声の背後にあること

は容易に想像できるのに触れられていないということである。

## 実例 1　若鳥たちの W.U.

　私の観察地は、街中であった。特に 2 の ③ の挿絵で示すように、C 田と呼んでいるところは小さい田で、しかも 3 つに仕切られ、そのうちの一つがタマシギたちにとっては幸いなことに、草地のままにしてあった。そしてこの田は、一方は家、あとの 3 方は道路に囲まれていて、田そのものは、その道路より 2 メートルばかり下にあったので、意外にもタマシギたちは、道路を通る人々から見えにくいという利点があった。

　その草地のようになった田で彼らは実によく繁殖を重ねた。生まれたての若鳥たちは、まだ雄親に連れられながら、巣のあった草地を出て隣の稲田に移るのが普通で、少し伸びた稲の陰でしばしばうずくまって休んでいるのである。そして何かに驚くと立ち上がりよく W.U. を見せた。その実例を前著、『街なかのタマシギ』から引用してみよう。

　　ある孵化後 17 日目の雛たちが、まだ少ししか伸びていない稲の株の間で休息中に、隣の巣の親が接近するので反応し盛んに W.U. を繰り返し見せていたことがある。（1974.6.22）、（P.77）

これは若鳥によくみられる行動である。確かに、彼らは水浴びをしたすぐ後に水からあがると同時に、思い切り翼をあげて水を切る。これはどの個体も例外なく見せる動作である。このよ

うに、W.U. は身についた動作で、反射的なものである。ただ、今の引用にあるように、ほぼ生まれたばかりの若鳥は、その驚きの反射だけでなく、近くの相手を攻撃するためにこの動作を行っているのである。これは反射ではなく、自分の「意思」をもって行う威嚇であり、この行動に"Signal"という言葉を当てるのは不適切であろう。

　信号といえども、この時点から自分の「意思」にもとづいて行動しているのである。相手の行動を予測して、それ以上近寄らせないでおこうと、体で反応した、つまり**彼らの意思の表明、警告となっている**と解釈している。
　単に Signal という枠を設け、その中にこの幼鳥の W.U. を入れて整理してしまうことはしたくない。彼らは生き物であり、その行動は彼らの生きている間中その可能性を広げていくと見るべきではないか。

## 実例2　成鳥たちの W.U.

　ここで取り上げるのは、雄も雌も含めたものたちの、「皆で踊る」と表現するのが適切な場面の一コマである。すでに使ったことがある挿絵（P.26）であるが、もう一度使ってみよう。
　これは珍しい光景ではない。冬場の夕暮れ時、彼らは日中隠れていた草むらから出てくる。彼らは、夜行性の鳥と早急に判断してしまうわけにはいかないだろうが、私の観察からすると、活動の開始は夕暮れ時である。それ故、その時間帯に待ち構えていると、群れのものたちは我先にという具合に急ぎ足で

2の①　夕方の集合地で舞い踊る（1972.12.16, 5:30p.m.）

草むらから出てくる。一直線になり走って出てくるのだ。

　日没後22分から24分後に彼らは草むらから出てくる。舞台は、A田と呼んでいるこの牛田の街では一番広い田である。およそであるが、横80メートル、縦50メートルの広さがあった。その田の一番端っこが今語った草地になっており、横12メートル縦50メートルの草地であった。

　その草地に、ここの個体群のうちの数羽のタマシギが日中ずっと潜んでいた。その草地の真ん中あたりに田んぼへの出口があって、そこから彼らは夕方になると出てくるのである。毎日の夕間暮れあたりに起こる活動開始の様子をまとめてみよう。

　刈り株が残る田んぼには集合場所と呼べるところがある。厳密に定まっているわけではないが、おおよそ直径2メートルの水たまりの近くに向かって押し合いへし合い出てくる印象が

第 2 章　タマシギの Signalling（信号行動）

あった。一直線になり前の個体に突っかかりそうになりながら走る。その間にも W.U. をやっている者もいる。

　彼らは一刻も早く広々とした空間に出たい気持ちに満ちているとしか言いようのない雰囲気が辺りにあふれる。集合場所に出ると、ぴょんぴょんと跳ねたり、翼をあげたまま跳ね上がってはストンとその場に下りたり、その姿に応じるようにまた別の個体が同じことをしたり、群れ全体は、ちょっとした「お祭り」状態になる。雄も雌もどの個体も、盛んに「踊る」のである。それをまとめた文章が先にあげた本の中にあるので、それだけを引用しておくことにしよう。

　　集合場所に出ると、そこにいる全個体が皆で少なくとも約 10 秒間連続して飛び跳ねる。時には 2 分間も間欠的にこの踊りを思い思いにやって見せることもある。これらの踊りは、昼の間草むらに閉じこもっていた状態から自らを解き放ちながらその開放感に浸っているように見えた。お互いの跳ねる姿に刺激されて一層力がこもり、集団で繰り返し興奮を共有するところがあった。もちろん。このダンスは威嚇でもなく恐れでもなく、というのは、単なる反射運動ではなく、群れに共通の「喜び」に似た感情をよみがえらせ強調して確認する儀式のようなものになっていると私は考えている。（P.27）

　これは 5 年以上前に書いた文章だが、この考えは今でも変わっていない。この彼らの行動は、自らの喜びを表明し、それが群れの他の個体とも響きあい、感情を共有しあっていること

をはっきりと示していると言ってもよいのではないだろうか。

　群れのW.U.は、感情の共有というところまで、更にお祭りを行う道具にまで役割を広げている。つまりそのSignallingは、少なくとも彼ら特有の言語となり、伝えあい、通じ合う手段になっているのではないだろうか。

　つまり雛の時に見せた"emotional"な言語は、その言語としての可能性を広げていることを示しているようである。それに、雄も雌もこのW.U.動作をさかんに行うこともつけ加えておかなくてはならないだろう。雌の占有するものではないのだ。少なくとも、この牛田のタマシギたち全てに共通する行動、内面の「喜び」を群れ全体で共有している。

　おそらく皆で一緒に踊ることによって、その喜びは増大していると私は解釈している。つまり、このW.U.は、「emotionalな言語」とTinbergenに呼ばれる枠を越え、群れ共通の「喜びを発散するための言語」の役割を担っている。夕暮れ時の群れの舞はそんなことを物語っていたと私は考えている。

### 実例3　雌のW.U.

　ここまで、タマシギのW.U.を語ってきて、それが雌の専有物でないことはおおよそ描けたのではないだろうか。雄、雌にかかわらずよく使う姿勢による「表明」、内なるものの表明なのだ。彼らの内面に高まるエネルギーを発散するために都合の良い動作といってよいと考えている。ここであえて表明という言葉を当てたくらい彼らにとっては、とても目立つもので、目

立つことを知っていて、ここぞというときに使うようである。草むらに普段隠れがちな彼らの生活の中で目立つゆえにその使い方もある傾向を持つようになってきたものと考えてよいのだろう。

　試しに泥土の地面に腹ばいになり彼らの目の高さから見ることを考えてみよう。目の前に立ち上がった翼の裏の白い部分はどんなに迫力があるだろう。さらに上のひろげた翼の相手に対する威圧感は、その草むらの中では圧倒的なものとなることが想像できるであろう。この威圧感は相当なものらしく、例えば、つがいになって一緒に歩いている時、雌が何かのきっかけでこのW.U.をしてしまうと、そばにいる雄はパッと飛びのいてしまうのである。

　世間でよく耳にするのは、雌が雄を引き付けるためにW.U.をするという説明だ。派手なディスプレイは異性に対して行う求愛行動だという思い込みによるものと思われる。しかし、上の私の経験をもとにして考えれば、つがい形成期に雄を引き付けるためにW.U.をするというところにその役割を限定するのは自然の理にかなっていない。ほぼすべての場合、つがいが成立し巣作りが進んで、その雌が2卵生むまでの間の縄張り宣言の意味が強い。自分たちの選んだ巣の周辺の者たちに対する威嚇のために雌はこの姿勢をするとみるのが妥当であろう。この判断は、ただしこの街中のタマシギの群れを見ての経験を基にするものであることをつけ加えておこう。

　実例としてここに取り上げたいのは、私にとって特別な個体

である。この雌は私の知る限りこの舞の名手と言いたいくらいきれいな W.U. を見せてくれた。それだけでなく、実に細かい行動ができ（これについては私の著書、『街なかのタマシギ』を参照していただきたい）、とても優れた、次に示すように、表現力の豊かな個体であった。

　この例とは、巣作りの最中につがいの2羽がそろって私に向かってきたところの行動である。間近まで来て、私まで約10メートルのところで動きを止め、雌が体の側面を私に向けパッと翼をあげたところである。他にその連れ合いの雄以外タマシギはいない。近くにいるのは自動車の中の私だけである。実は、こいつとは「顔なじみ」で、何時その現場に行ってもすぐこの雌は出てくるのは分かっていた。そのはす向かいの田んぼにこの雌が出て行っている時でも同じであった。

　この雌は、F田に巣を構えたこともあり、F田雌と呼んでいた。荒起こしをしたままで水を張った状態だから、あちこちに細い畝のような土の盛り上があった。その雌がまだ草も生えていない畝づたいにまっすぐ進んでくる。何も隠れるものがない所をしずしずと進むなど大胆なのだ。この日はこの雌の舞を撮るためだけに夕方そこに行った。車をそっと止めると、彼女はそれに反応して出てくる。向こうもこちらも相手の動きは読めていた。どこまで来るかもわかっている。10メートル以内に来たところ、つまり、私の使っていた古いニコンの600mmレンズに着けてあった特注の接写リングが機能するかどうかというきわどい範囲に丁度入っていた。だから私はとても忙しかった。

第 2 章　タマシギの Signalling（信号行動）

　レンズの撮影可能最短距離を外れて近づくと大変である。すぐさまその特注リングをつけないといけない。レンズの途中に取り付けるので、まず重いレンズを車の中にそっと引っ込める。当時のレンズは、ヘリコイド式で、リングを取り付けるとなると、一度レンズからヘリコイドを外してリングを取り付け、そのうえで元通りのレンズにするわけである。ねじを回して取り付けるのだから、素早くしようと思っても大変時間がかかる。ハラハラ、ドキドキなのであった。しかし、不思議と言おうか、有難いもので、この雌は何もせず待つのである。

　こちらの用意ができたところで、雌は実に厳かに体を横に向け、翼を真上にさっと挙げ、翼の裏面の白い羽毛を私に見せつけた[注]。シャッターボタンをグイっと押すと、一瞬間をおいて重いブロニカのシャッターが下りた。丁度その間その雌の翼は静止してくれていた。そのうちに上にあげた翼の先端の羽根から1枚ずつハラハラと閉じ始める。そしてだんだんと翼は閉じていく。

　一連のこの動作は何を示しているか。それは明らかで、侵入者としての私という人間に怒りをあらわにしている。私を威嚇し、追い払いたいのである。これは攻撃的な姿勢というべきだと私は考える。その W.U. は終わったが、雌は攻撃の点でまだ物足りないと見え、2、3歩ゆっくりと歩いて次に例示する実例4の姿勢に入った。

注：この時の写真は、日本野鳥の会の月刊誌、『野鳥』334号、昭和49年
　　7月号に投稿、採用された。それを見ていただければ幸いである。ま

た、最近では、元野鳥の会役員、塚本洋三氏が心を込めて編集、出版された『自然語り』―バード・フォト・アーカイブス写真帖、2023.1.10 に収録された。これは私にとって、とても光栄なことであった。この写真帖は、過去の日本の鳥にかかわる白黒写真を収録したものである。その白黒写真は印刷が美しい。

## 実例 4　翼に白い羽根を出す

　これは実例 3 の直後の雌の様子である。実例 3 の雌は、W.U. の現場から 2、3 歩歩いて、ごくごくゆっくりと尻をわずかに上げ、体を低く構えたまま体中に力を込めて、今度は翼の中ほどにあり普段は隠されている真っ白く長い羽根を出してこちらに見せた。グワ、グワと怒りの声を出している。強い怒りを私に対し表明しているのである。それがすむと威厳を失わないようにしているのであろう、ゆっくりと私に尻を向け、じわりじわりと歩きだし、とてもゆったりと巣のほうに向かって帰っていった。私もそれ以上のことはせず家に帰った。こんなに思わせぶりな行動、私という人間の反応を考慮に入れながら、最大限に怒りを表明し、しかもわざとごくゆっくりと動き、振り返って私の様子を見定めながら一歩一歩歩き去るなど芝居じみているではないか。これらの行動の背景に心が控えていないなどとても言えないのである。

　今の白い羽根は、実際に捕まえて確かめたことはないが、2本はあり、時に風にあおられてヒラヒラと浮き上がる時がある。そのくらい軽くて柔らかいようだ。そんなものを硬い雨覆いの間からスッとのぞかせるのだから、全く驚きの意図的行動と言ってもよいだろう。

第 2 章　タマシギの Signalling（信号行動）

2 の②　白い羽と見せる雌

　この姿勢は、雌の威嚇の表明である。そして、この黒っぽい翼のほぼ真ん中に真っ白い羽根を出すふるまいは、W.U. 同様、どこから見ても「意識的」なのである。自分をいかに立派に見せ、相手ににらみを利かせるか、このことを一心に演じているとしか言い表せない。雌は、舞台上の演技者というほかないほど見事な一連の振る舞いをみせた。（1973.6.10、5:25p.m.）

## 実例5　雄の W.U.

　雄は普通出来るだけ目立たないようにふるまっているが、つがいの相手の雌が巣のある所に帰って巣作りに励まない時、つまり雌が巣作りの場所を離れていて、そこにいない時とかに、雄はとても不安定になるように見受けられる。そのような気配を見せると雌のいるところに飛び、この W.U. をすることがある。強いアピールなのだ。

　この行動については、あるつがいの前日からの彼らの行動から説明しなければいけないだろう。前日の 1973 年 6 月 19 日、朝 6 時過ぎに自転車で見て回った。その時 C 田と呼んでいる彼らが最もよく使う田んぼの一つの区画に 2 つの巣が並んでいた。二組のつがいが同時に並んで巣をこしらえることが多い。

　この田はすでに語ったと思うが、3 つの部分に分けられていて、その 1 つの部分が草地にされていた。その部分が最もぬかるんでいる。タマシギにとっては、非常に都合がよいようである。そのせいだろう、タマシギたちの巣作りは他の 2 区画でなくこの一角に限られていた。コロニーと呼ぶのが適当であろう。この田は集団繁殖地のあり様を見せるのである。大抵は 3 つ、滅多にないことであるが、この狭い所に巣が 4 つ並んだこともあった。

　先ほど説明した 2 つの巣はお互いに丁度 6 メートルしか離れていない。この状況は、いつもよく起こることであり、田が狭

第 2 章　タマシギの Signalling（信号行動）

いので、ほかのもっと広い田では起こらないほど、巣間距離は圧縮されていると言えばよいだろう。お互いの巣はすぐそばにあるので、巣作りの間、両つがいはいろいろとせめぎあうことになる。巣間距離は、いつも携行している丁度 1 メートルの長さに切った細い竹を使い、道路上の距離を測ってあてはめていた。

　ここでは便宜上 2 つを A つがいと B つがいと呼ぶことにする。A の巣にはすでに 1 卵があり、B はまだ巣作りを始めたばかりである。次の図の説明をしておこう。

1973 年 6 月 19 日

6:10 a.m. 両つがいはお互いにそれぞれの巣の側で、のんびりしていた。威嚇する姿勢も見せず、ただ、羽根繕いを続けた。A つがいの雄が巣に入り、巣に座ったまま首を巣の外に伸ばし、巣材を引き寄せたり、巣の外に出て巣材を集めたりした。これは、どの方からでも巣に尻を向け巣材になる藁くずなどを水の中からくわえて自分の後ろに投げる動作である。そして巣には何度も出入りした。

6:40 a.m. ここで突然、両雌はそれぞれの巣の側から出ていき激しくぶつかった。同じところで小さな円を描くようにぐるぐると追いかけ合い、数度にわたりもつれ合った。お互いに W.U. の姿勢のままである。しかし、間もなく引き分けに終わり、2 羽はそれぞれの巣の近くに戻ることになった。

この争いでも、W.U.がいかに相手に対する威嚇の旗印になるかがわかるであろう。威嚇であり、敵に対する攻撃のために使われているのである。

下の図は、その当日朝6時10分のもの。連日の観察から見て、2つのつがいの間で争いが起こらない境界があるようであった。図にある4メートルが安全な非戦闘地帯ということになる。

その日の夕方7時10分ころのことだ。両つがいは巣を離れて採餌中であったが、次の図のようにBつがいがそろって巣の方に戻りだした。雌の後ろで雄は明らかに急き立てるようにバタバタとW.U.をしながら急ぎ足だ。まさに雌を追い立てている。水たまりもなんのその、ジャブジャブと駆け抜け、走っ

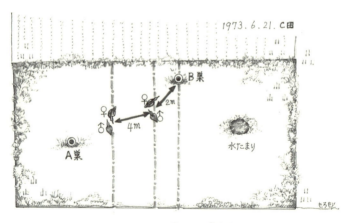

2の③　C田の図（1973.6.21）

第 2 章　タマシギの Signalling（信号行動）

た。そして、自分たちの巣まで 6 メートルまで帰った時、南の区画にいた A つがいがそろって自分の巣まで飛んで戻った。A つがいも対抗しないといけなかった。

　勿論、B つがいの雌は巣を守らないといけない。それは了解済みなのである。2 羽は突然巣をあけたままにしていることを思い出したように見えた。雄の方は雌を急き立て巣に戻るように追い立てていたのである。この場合も、2 羽ともお互いの役目を理解し、相手にしてほしいことを動作によって示し伝えていたと考えられる。

　次の日、6 月 20 日の朝 5 時半に自転車に乗って見て回った。この朝、A つがいの間でも昨日の B つがいと同じことが起こった。その時、B つがいの 2 羽はともに巣のそばにいて静かにしていた。そして、A つがい雌は私を見るとゆっくりと W.U. を 3 回見せてから、そろって巣から離れ田の東はしに向かいだした。しかし、その途中雄が雌の後ろについてやはり急き立てるように、跳びあがりながら W.U. を繰り返した。この跳びあがりなど相当な興奮状態になり、何とか雌を巣の方に引き戻したいという意向が伝わってきた。結局つがいは巣に戻った。

　雌の真後ろに迫り、きれいに翼を真上にあげる。その動作は、雌の場合と全く同じである。ここまでに語ってきたように、雄も雌もこの動作は生得のものであるが、必要となると自分のその時の心の状態に従い一つの言葉として使うことがあるということである。

　次に示す絵もすでに前著で使っているが、もう一度お見せし

よう。翼の裏の白い部分は雄に見せる角度ではないが、雄はその勢いを雌に分からせようとしているように見える。ここでも、雄は、雌を巣作りの現場に帰らせたいという意図があるゆえにこの姿勢をしていると見るべきであろう。外界の刺激への反応ではなく、自己の意図から生じた行動と私は考えているのである。ティンバーゲンの言葉をあえて使えば、"persuasion"

2の④　雄のW.U.（1973.6.20）

（説得）である。

## 実例6　雌のW.U.（追加）

　現場は先の実例5と同じ田んぼ。翌日の6月21日のことである。2つの巣は何も異変はなく両つがいはいつものように自分たちの巣のまわりにいた。朝6時10分である。

　タマシギたちは、この田ではいつもコロニー状<sup>注</sup>に巣作りをする。この田の1/3を占める部分は図のように狭い。彼らは長い間その状況に慣れていたらしく、お互いに緊張しながらも巣を作る。大抵は3つ巣ができる。それだからだろうか、普段はつがい同士は実にのんびりと過ごしている。

　その時も、両つがいは巣を離れお互いに近づいてもその間の距離は4メートルしかなかった。羽根繕いをしたりして、緊張をごまかしているのかとも思われた。しかし、突然雌同士が取っ組み合いをしだした。といってもタマシギのことだから、特別の武器もない。ただ、2羽ともW.U.をしたまま絡み合った。しかし、引き分けに終わりどちらも少し離れて元の位置に戻った。それだけで、後はごく平穏な行動になる。6時40分になっていた。

　このようにコロニー状態を受け入れながら、ふつふつと内面に盛り上がってくる窮屈な「思い」を時に爆発させ、その状態が発散されると平静に戻るようであった。
　いさかいのこんな状況に際して、雌は、W.U.を多用する。それは攻撃のための重要な姿勢なのである。

注：コロニーとは集団繁殖地のことである。彼らはいつもコロニーをつくるわけではない。今話題にしているＣ田以外では、繁殖時期が同じになることは多いが、密集して巣をつくることはない。このＣ田は遥か昔からすぐ脇の小川の氾濫で常時ぬかるむ場所だったのがタマシギたちにずっと好まれる理由の一つらしい。

その田のその１区画は、例年３つの巣がそろう。そこに２組のつがいが同時期に姿を見せ、巣をつくる。そして、少し遅れてもう１組のつがいがその区画に入り込み巣をつくる。これがよく見るこの牛田のこの田の実情であった。だから、巣が３つあると言っても、別々の雄と雌の組み合わせであり、昔よく言われていたように、雌が雄を求めて歩き、次々に卵を産み雄に卵を抱かせるというのは、捏造の物語で、そんな風景はここにはなかった。

## 実例７　雌が雄をなだめる場合

　雄の説得を語ったので、雌の場合の強い「説得」の場面にも触れておこう。説得などというと感情移入しすぎると思われるかもしれないが、説得というよりむしろ怒って雄を小突く例もここに引用しておくことにしよう。

　これはＡ田という一番広い田んぼでの出来事である。この街中の田んぼでは、どの田もタマシギの独占状態であったが、ほんの時たまバンが入ってくることがあった。

　その頃この田にはバンのつがいが姿を現していた。タマシギたちはこれがとても気になるのである。バンの一羽が水浴びをしてからタマシギのつがいの方にゆっくり歩きだした。両者の距離は約12メートル。バンがそろって前に進みだしたのに応じて、タマシギの雌が前進しようとしたら、それより早く後ろにいたつがいの雄がパッと飛び出し雌の前に出、バンたちに向かい翼を横に広げて攻撃の姿勢に入った。

第 2 章　タマシギの Signalling（信号行動）

　それを見たタマシギの雌は、雄の行動が気に食わなかったらしく、雄に突っかかり自分の後ろに追い立てた。それで、雄の方は雌の後ろで、雄特有の翼を横に広げグッと頭を下げる攻撃の姿勢に入った。次に雌はグイと首を上に伸ばし、胸を張りこれ見よがしの姿勢をしてバンのつがいに迫ったのである。(1974.5.24、7:10p.m.)

　このタマシギのつがいのような行動は、よく見るもので、繁殖期の巣作りにかかっている時などに起こる。雄は、つがいで歩いている時に雌の先に立って攻撃に出るなどもってのほかなのだ。実は、雄は巣作り期には、とても攻撃的になっており、それがこんな行き違いを起こす。小突かれた雄は、すぐに雌の後ろに下がり、いつもの雄がよくとる攻撃姿勢に戻る。とはいえ、雄は、一度は雌を出し抜いている。雌はそれを攻撃するか、時には、グウ、グウと鳴いてなだめにかかる。説得しているか、なだめているのである。

　**ここまで、タマシギの Signalling にかかわる実例を 7 つ挙げてみた。それらが示すタマシギの現実はというと、彼らの、特に雌の W.U. は、雄を引き付けるものではなく、主に攻撃のために使われるのである。繰り返すと、つがいができた時から急に目立ちだし、雌が 2 卵生んで巣から遠ざかるまで、巣を守る主役として、この動作を頻繁期に見せる。巣のそばであろうと、巣から随分離れていても、雌は巣を守る役割を十分認識していて、2 羽そろっていることを見せつけるかのように、歩きながらその途中でパッと翼をあげる。つまり、この動作は直接**

**的反応ではない。繁殖期の巣作りにかかった雌の役割があり、その理解が生み出すものと私は考えている。その時期にしきりにみられる理由である。**

　こんな風に、タマシギの社会では、雄と雌の行動の約束の境界が揺れ動き、彼らが背負っている風変わりな生活の絵模様が時々我々人間の目に触れることもあるのだ。生き物が背負っている生命の多様性、重みを感じるのである。

　観察をしながら、私は、生命を持ったものが、たどる道のりを思うのであった。彼らは、ぬかるんだ草むらに特化してしまった種である。ここの田んぼのように人間が足を踏み入れると、膝までもぐってしまうような湿地などなかなかない。特に湿気の多い環境にある田んぼなどがあるとはいえ、人間が稲作をするところであるから、かなりの制約がある。その生き方において、タマシギたちは相当に矛盾を抱えてしまったに違いない。誰も近づけないと思いきや田植えなどの農作業で逃げ回ることになる。

　そんな生活の中で、繁殖期になると、雄は自分の縄張りを守るために巣のまわりで激しい争いをすることになるが、すべての争いは草に隠れたまま低く身を伏せたまま自己を大きく見せ、相手を威嚇するような姿勢をとる。この姿勢については、私の著書、『街なかのタマシギ』を見ていただきたい。(P.P.71〜74)

　巣を守るということになると、実は、自分のつがいの雌も巣には近づけないように守る。特に雌は２つ卵を産むと、巣から

ずっと離れてしまう。巣に近づくことは卵を産みこむ時だけのように見受けられる。あとで触れるＦ田雌など、巣作り最中から、できるだけ巣から離れて控えていたのである。

　雌が巣に座ったりして巣の中で作業する場面にはあまりお目にかかれないが、その滅多にない巣作りのさなかの様子を見ていると、その動作は基本的には雄の動きと変わらないのだが、雌はなんとも細やかに巣の中を整える。産座の座り心地を確かめ、ぐるぐると回って座り心地を見定め、巣を守るようにまわりの草を引き下ろすなど、これから自分が巣に座るかのような丁寧さを見せる。

　しかし、ほとんどの場合雌は次の２の⑦の絵に示すように、巣の縁に突っ立っていることが多い。そして、どの雌も２卵目を産んだあと巣から遠ざかる。ある時など、２卵目を産もうと巣に近づいた雌は、入口のところで、つがいの雄といさかいを起こしたこともあるほどに、その時期を境に雄の縄張り意識は高揚し、つがいの雌も近づけたくなくなるようである。

**　矛盾と言ってよいのか、雄だけが子育てをし、雌に立ち入る隙を見せないなど、様々な場面で、タマシギたちは自分たちの抱え持ってしまった生きざまに苛まれていると感じられることが次々と目の前に展開した。これは何度も目撃した事実である。避けられない彼らの運命だと私には思えた。**

**　雌はあえて目立つように進化してきたが、それは２卵を産むと、すっとその行動を抑え込むことも含んでいた。その抑え込まれている行動と行動の隙間から彼らの本音と思われる内面の動きが、別の形に乗せられて我々の目に見えるのではないかと**

見守ってみた。しかし、そのような機会は残念ながらとても取り出せないくらい小さかった。

我々人間から見れば、生き物たちはそれぞれの思いを自由に相手に伝えられると思いがちだが、タマシギたちはその個々の個体が抱くと考えられる「思い」すら、ほぼ持ちえないほどに生得の生き方の枠組みの中に閉じ込められているようだ。伝達という行動は狭く限られており、不自由さが目立っていた。

このタマシギという種が選ばざるをえなかった抑制の歴史をその牛田という街中で見せられているようだと私は思ったのである。

## 実例8　雌が道具を使う

彼らタマシギたちはその行動を抑制されているとはいうものの、その抑制をかいくぐるように特別なことをする個体もあった。何度も語ってきた踊りのうまいF田雌である。

個々の個体の思いすら生得の行動の枠組みの中に閉じ込められていると言ったが、多少でもその枠を乗り越え、滅多にないことであるが、その思いを伝達するために何かしようとしている個体もいたのであった。実例3で取り上げた個体のW.U.は抜きんでて見事であり、そのいちいちの動作も自信たっぷりといおうか、人間に対してもひるむところはなかった。

それまでたくさんの巣作りの様子に遭遇した。

草むらで、巣の場所が決めるとつがいはその場所の周辺で一心に働くのである。巣材集め、巣材運びなど、始めると雌は本

第 2 章　タマシギの Signalling（信号行動）

当に熱心に働くのであるが、雄のようにほぼ絶え間なくというわけではない。その熱心さで、つまり作業に割く時間の長さでは、かなり雄の方が目立っていた。雌の方は、気が向いたら働くという印象がいずれのつがいでも見られた。

　ここで問題にするのは、巣を作り始めるころ、つがいが見せる行動なのである。どのつがいも、始めようとすると 2 羽であちこちの草の株のまわりを探り始める。雌の方が多少熱心に、草の株に尻をあげて押し付ける行動に出る。雄も同じようにその近くの草株に尻をあげて押し付ける光景に出会う。ただ、その株が巣になるとは限らないが、しばらくは 2 羽でその近くをうろうろしながら、同じ動作をするのだ。

　その間、つがいの 2 羽の間に何か伝達をするような気配は捉えられない。ただ、両者尻をあげて草に押し付けている。どちらが巣の場所を決めるかはいまだによく分からない。それほどに、タマシギたちの伝達の仕方は未開発のようであった。あるいは、私には読み取ることが出来ないほど、お互いの行動は、「ぶっきらぼう」なものであった。

　しかし、何度も話題にしている F 田の雌は際立っていた。その雌は、C 田にいても、F 田でもその自信たっぷりな動きといい、踊りのバランスのとれた美しい形といい、特別な存在である。

　ずっと注目していたその雌が F 田に出向くことが多くなり、繁殖するらしい気配を見せたので、その田の脇に出向き、朝晩よく見守ることにした。その雌のつがいが F 田に雄と

いっしょに、つまりつがいの形で現れたのは、1977年5月25日であった。彼らは巣作りを始める時の、2羽そろっていそいそと歩きまわる様子を見せた。他のものは目に入らないかのように2羽で歩きまわる。どのつがいもやるように、田の広い面積を自分たちのテリトリー<sup>注</sup>を描くようにゆっくり歩いた。ただこの日には特別な行動を見ることはできなかった。特別なことは次の日に起こったのである。

注：彼らには、私の見るところ、彼らの守っている地面は、自分の巣の周り直径8メートルくらいのものである。それ故別の田んぼで巣についている雄がその巣を離れ、こちらの巣の近くに来て採餌行動に入っても何ら問題にならなかった。田んぼそのものは彼らの共有地であり、巣作りのためには、思い切り巣間距離を縮めながら、田んぼという共有空間を使っているように私には見えた。

5月26日になった。朝6時15分である。巣の候補地に現れたつがいがそれほど目立った行動に出たことはなかった。目立ったことというのは雌がちょいと藁くずを拾って見せたことである。その時雄は雌の後ろにいて、巣材を集めている最中であった。そして約1分間雄は知らん顔で巣材集めをしていたが、雌が巣材集めで元の地面から少し前進したのをきっかけに、雄は雌がわら屑を拾ったところに移動して、そこで巣材集めに入った。

この短い間に、双方の意思の伝達らしき行動、体の動きは指摘できなかった。お互いの動きの絶妙なつながりは、人間である私の理解力を越えていた。しかし、結果から見れば、その時

第 2 章　タマシギの Signalling（信号行動）

の雄の的確な対応、つまり雌のわら屑をみせる動作とその場所で巣材を集めだした雄の反応は、連係動作として認めたい。雌と雄の意思の伝達は、非常にうまくいったと私は考えている。

　それを可能にしているのは、この F 田の雌の力量によるもので、雄の対応する能力と相性が良かったのだと思った。

　この雌の力量というのは、巣の候補地をつがいの相手に知らせようとする動作の効力である。

　普通のつがいの場合は、先にも触れたが、雌が草株に尻をあげていると思えば、すぐ隣の草に雄も自分の思うように尻を押し付ける場面にしばしば出会う。つがい双方の思いはバラバラに表明され、どちらかが決定的な行動で巣の場所を決めるのかはっきりとは分からない。私の目には、彼らの意思の伝達、やりとりはあるように見えて、とても曖昧なところにとどまっている。この F 田の雌のように明快な意思の表示はただ 1 回他の田でちらりと見たことがあっただけのことである。それもこの雌だったと信じている。

　それにもう一つ目立っていたことは、普通は、いま語ったように、盛んに尻をあげる動作をするのに、この場合、確かにどこにも尻を押し付ける草がなかったのであるが、この雌は尻上げ動作をして歩くことはせず、問題の場所で尻をあげる姿勢をしたまま、「わら屑くわえ」を同時に行っただけであったことは注目すべき点だろうと思う。

　この雌は、生得の尻上げ動作に加えてわら屑をつまんで見せたことにより、新しい伝達の動作を生み出していたのである。

しかも、雌のその動作がし終わるとすぐ、雌がいた場所に雄が行って巣材集めを始めたことにも私は驚いたのである。雌の行動はうまく雄に伝わっていた、これは事実だと私は考えているからである。

1977年5月27日、朝6時50分、**わら屑くわえはこの日にも見ることができた。この雌は、この行動を自分のものにしていたと言えばよいだろう。**昨日の場所に行くと、雌は長さ約5センチメートルのわら屑をくわえてしばらくじっとしていた。すぐ後ろにいる雄にいかにも見せるかのようにして動かなかった。雄は、雌の尻に頭をくっつけるようにして巣材集めをしだした。

　このように、雌の行動にすぐ反応して巣材集めをする雄の姿は見たことがなかった。**2羽がバラバラに行動しいるのではなく、意思を伝えあっているのは見てよく分かった。つがいの間の伝達はこのようにうまく働いていたと考えている。**

2の⑤　雌がわら屑をくわえて見せる（1977.5.27、6:50a.m.）

第 2 章　タマシギの Signalling（信号行動）

　更につけ加えておくと、その後、**雌は、雄の方を振り返って土に胸を押し付け**、尻をあげたままにして見せた。これは、わかりやすい行動であった。わざわざ振り返ってこのように土に胸を押し付けたのだから、そこに巣を作りたいという雌の意思をはっきりと示していたと言えるだろう。半ば尻をあげた状態で胸を産座に押し付けていたのを雄はじっと見ていたのを見て、このつがいはお互いの意思を非常にうまく伝えあっていると私は考えたのである。

　巣に対する雌の強い思いを込めて押し付けているらしい。雄はそれをじっと見ていた。その態度からして、雄の反応を引き出しているようである。伝達はうまくいっていると私は見た。

　家に帰ってその場面を反芻した。そして、このような問題についてのグリフィンの言葉をおもいだしていた。それは次のようである。

　　コミュニケーション信号は、適切な受け手がいない限り発

２の⑥　雌が胸を押し付けて見せる（1977.5.27、6:50a.m. すぎ）

信されることはまずない。（p.219）

　このＦ田雌のようにつがいの相手にその意思を表明しても、その動作の意味を受け止めてその示す意図に反応し、更にその意図を実現できる能力が受け手になければ、意思の表明をしても無駄であろうし、意味もなくなるのだろうと思った。ティンバーゲンの言葉を使うと、信号の伝達という点では、とても微妙なところがあるが、それでも、このつがいはとても開けたものたちだったのだ。抑制のしがらみに縛り付けられているようなタマシギの社会にも、ここまで解放されたつがいもいるのだ。その可能性に私は感動したのであった。

　ただこれは、広島市の牛田という小さな丘に囲まれた古い街並みの中にずっと閉じ込められたように生きてきた群れの中の一組のつがいの出来事である。彼らはそこに残された数枚の田で生きている個体群であり、このつがいは、その中の相当に特殊な例かもしれないことをつけ加えておかないといけないだろう。しかし、重ねて言うが、ここに取り上げた現象は、事実であると私は信じているのである。

　この特殊な例ということを語ったついでに、後で気が付いたことにも触れておこう。いつもは道路からしかこのつがいを見ていない。このＦ田は三方が家に囲まれているから、観察する場所は限られる。結局ほぼ水平の位置から彼らの活動する地面を見ることになった。
　ただ、一度その田の一方を占めるビルに入らせてもらったこ

第 2 章　タマシギの Signalling（信号行動）

とがある。あまりに近い距離にその巣はあるので、私は自分の目でまじまじと見るのは避けた。しかし、その時に撮影したフィルムを見て驚いたのである。

　巣の側面は土が盛られている。お城を守る土塁のようなのだ。それを問題の雌がこしらえたとしたら、驚くべき仕業なのである。

　タマシギの巣は、この地で観察した多くの例でも、水が深いと巣は高く築かれるが、使う材料はほぼわら屑なのだ。この雌が、雄に向かって地面に胸を押し付けていたところが、形としてはよく似ているが、その土の盛り上がりを利用したのかもしれない。

2の⑦　F田の雌の巣（1977.5.29）

巣の内部というべき部分はお椀のようにくぼんでいて、生み込まれた一つの卵も、横からでは全く見えない。こんな巣は見たことがない。内部は、わら屑が敷いてあるようだが、なぜこんな構造になっているのかよく分からない。

　この田は、家に囲まれている。1辺が26メートルの四角い田は家に囲まれていて、悪い条件であるが、三方は家の壁であったり、庭であったりして、意外と人間の干渉はないように見えた。ただ、草がまだ生えていなくて、無防備である。そのような条件であれば、ここのタマシギたちはC田で慣れていると思ってよいだろう。しかし、そんな構造の巣はC田でもその他の田んぼでも見たことはなかった。私が過去に見たほぼすべては、ただわら屑が薄く積み重ねてあるだけであった。

　家の壁に取り囲まれたような条件に応じて、この雌はこんな巣にしたのであろうか。意図的に反応した結果であったとして、この雌の行動をどのように考えることができるだろうか。タマシギとしては、とんでもなく発明の才にたけているのだ。この個体がいろいろなしがらみを乗り越え自分を開放し、自由に振舞っていると私は言いたいのである。

　このF田の雌は、あえて群れようとはしていない。むしろ群れることは避けている。この時期、周辺の田がどの様になっていたか見てみると、ほぼ1週間前の5月22日、C田も他の田と同じようにすっかり荒起こしされていた。F田だけは、大きく苗代になっていたので、環境は変わっていない。

　いつもながら、荒起こしで巣が駄目になったとしても、彼らはあきらめない。草も生えていず隠れるところがないのに、C

第 2 章　タマシギの Signalling（信号行動）

田にはすぐ一組のつがいが現れ、5 月 26 日には巣づくり活動に入っていた。

　ただし、F 田雌のつがいが、最近どのつがいも巣をつくらない F 田を選んだのはなぜかよく分からない。普通であれば、タマシギたちは、その C 田に群れ、コロニーをつくるので、F 田雌はその時活動を始めた一組のつがいに加わってもおかしくない。現実に、この雌が荒起こし前には C 田にも出入りしていたのであるから可能性はあったが、あまりにも開放的になった C 田を避けたのかもしれない。
　それだけこの雌は、自由であり、独自に行動する自信のあることを示しているのであろう。群れから離れて、つまりコロニーに入らず単独で繁殖を試みたのである。そして、全く新しい形をした巣を作った。この雌の自由さ、判断力、そして創造する力は、タマシギたちが背負った生き方に変革をもたらし、自ら進化する気配さえ感じさせるものであったと考えている。
　そのようなことを感じさせているのに、この雌が見せる姿勢は私を悩ませるものであった。これは大抵の雌でも同じなのだが、この雌は、自分の産んだ卵の側にただ突っ立っているのだ。この日の朝の様子を観察手帳から、適当に抜粋してみよう。

1977 年 5 月 29 日
5:45 a.m. 雌は少しかがんで巣の上のいる。しかし、いつものごとく腹は卵にもどこにもつけていない。不自然な姿勢で立ったままである。
　　　　……

6:40a.m. 雌が巣に入ると最初に卵を転がす動作をしてから、むきを変えて、まばらにしか生えていない周りの草をひきよせたりしてから、立ったまま動かなくなる。
　……
6:55a.m. 雄が入れ替わりに巣に入った。腹をぺたりと卵につけ、向きを変え、腹ばいのまま巣の外の巣材を引き寄せて約2分そのままの姿勢でいた。

　雄と雌では大違いなのだ。卵を産む前、巣を作っている最中には、雌もちゃんと巣の中にペタンと座っていたのに、卵があるにもかかわらず、巣に入っても雌はいつもほぼ立ったままである。一方、雄は何の躊躇もなくペタンと巣に座る。まるで違うのである。雄は当事者なのに、雌には当事者の様子が薄い。卵を生みながら、それを抱いてみる様子も見せず、まるで「腰掛」の状態である。巣を出ても、巣作りの早い時期からこのF田雌は、巣から約10メートルのところに控えるのが常であった。この巣とのかかわり方について、この自由で開発されつつあるような雌でも、どうしても越すことのできない生得の掟が存在しているようであった。

　私はよく妄想した。雌がたとえ巣に入って卵を抱いたとしても、そんなにおかしくない。卵を抱いたとして、その背中は保護色の点で、雄に比べてそれほど遜色があるとは思えないのである。雌の背中、つまりたたんだ翼を覆う「雨覆い」と呼ばれる部分は、ほとんど黒に近い焦げ茶色をしていて、田んぼの土を背景にするとそこに溶け込んでしまうのだ。ただ現実には、

第 2 章　タマシギの Signalling（信号行動）

ここの個体群を見る限り、タマシギたちが受け継いてきた生活の仕組みは容易に変化しないように私には見えた。

　妄想は妄想。その進化の可能性は永遠の課題であろう。ただもう、この才にあふれ、美しいＦ田の雌を賛美するばかりである。

# 幕間（まくあい）
# 新しい環境・新しい観察

　環境が変わると、観察も変わる。長い間、私は低い山に取り囲まれた牛田という街に住んでいた。その街中に数枚の田があり、そこにタマシギたちが棲んでいたのである。そんな限られた田んぼに潜む彼らの生活に焦点を絞り見守っていたのだから、私の視野はうんと狭くなっていたのは当然であるが、その観察も終わってしまい、私は引っ越しをした。それからちょうど20年間何もしなかったような気がする。というのは、タマシギを見ていた時のような濃密な観察は何もできなかったという意味である。

　しかし、人生は不思議なもので、私が退職した年から事態は一変した。下の表に示したように2005年から突然うんと視野が広がる生活が始まったのである。これを簡単な表にしてみよう。

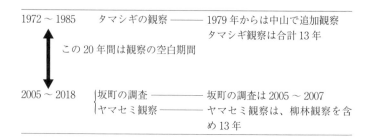

幕間（まくあい）　新しい環境・新しい観察

　ここからは、広島市を南に流れ下る太田川近くに引っ越してからの話である。表に空白期間と書いたが、その川筋に移った1978年から川辺の散策はしていた。実は、そのころからヤマセミは家にいながら時々出会った。新しい家の上空をよく飛ぶのである。川まで1.7キロメートルあったが、その川から約80メートル上昇してきて、家の上空を通過し東約3キロメートルの山に向かう。そしてまた同じコースを通って川に戻るのだ。しかし、こんなこともあるものだと思うだけで、まるで追いかけようともしなかった。

　何かを始めるまでに時間がかかる方の私は、それまでの散策コースを変えることもなく、ヤマセミの活動中心部らしいところは見当がつくものの、探し出してそこに入り込むこともなかった。

　ヤマセミ観察へとスイッチが切り替わらず、タマシギの時のように密着した観察はしなかったという意味である。そこに突然上の表の下の2つの活動が始まった。

　正直のところ、ヤマセミと電撃的に出会って、急に私は彼らを観察したくてたまらなくなったのである。しかし彼らは、簡単に観察対象にできないと感じ、よくよく注意して彼らの反応をほぼ1年かけて調べることになった。もちろん坂町の調査もあったので、ヤマセミは後回しになりがちであった。

　坂町の調査を説明しておこう。坂町は、広島市から東に2つ目の町で、瀬戸内海に向かって西に開けている。ただ、昔から狭い土地を活用する度合いが強かったのか、自然環境はそんなに良いとは見えなかった。そんなところの自然調査を友達が請け負った。手伝ってくれという誘いを私は再三断ったが、断り

切れなかった。渡り鳥に関しては面白いかもしれないなど偉そうなことを言って引き受けたのである。

しかし、この調査は私の予想をはるかに超えて、私の観察のありようを修正してくれたのである。一見面白くなさそうな山裾の土地が里の鳥にとってどんな役割を果たしているか。そして渡り鳥が、どのようにこの坂町の里山、特に海に向かって西に伸び出している尾根筋を使っているかを実際に経験できたのである。この留鳥から見た坂町という側面、そして瀬戸内海という海から見た坂町という側面、この２つの面から鳥たちの命のありようを感じ取るなど、とても恵まれたことであった。

この坂町の鳥たちも、ヤマセミも私にとっては初めてつきあうものたちである。そのような生き物たちに、私は既存の物差しを使って接したくなかった。物差しは、鳥たちが教えてくれるのである。

先に触れた「西に延び出している尾根」は、長さ１キロメートルばかり、太くまっすぐ西に向けて海の方に延びているもので、コナラ、エノキ、アベマキの大木の林に覆われ、ところどころに草地があった。

この尾根は春に秋に記憶に残る光景を見せてくれたと言っても大げさではないだろう。調査の最後の年2007年のその尾根での経験は私にとって忘れられないものとなった。その尾根には展望台があり、尾根にとりついてすぐのものと一番西端のもの、それらは私には小さな「あずまや」と思えるのだが、その２つを足場にして我々は活動した。

尾根にとりついて、その最初のあずまやで休んでいると、目の前に鳥たちが現れては西の方に消えるのに気が付いた。少し

幕間（まくあい）　新しい環境・新しい観察

追ってみると、林をぬけたり、枯れた木の梢にとまって休んだりしながら、西へ西へと向かう気配が伝わってきた。私は、その半島のような尾根の西の端にあるあずまやに急いで向かうが、もちろん彼らには追い越される。ともかく毎日のように尾根上に整備されたその散策路を通った。

　群れというわけではないが、パラパラと動いていくのが見える。というよりは全体として小鳥たちが動いている様子が感じ取れるのだ。確かに、初めは一羽一羽をバラバラに見ていたが、時間がたつと、それぞれの印象は折り重なり、沢山の小鳥の飛翔図が模様となって、緑の林の背景にちりばめられた装飾画であるかのごとく、頭の中に定着し始めた。

　西の端のあずまやは中にせいぜい4、5人が入れるくらいの広さがあった。ただほとんど人が来ない。だからあずまやは、ほぼ私専用のものになった。毎日じっと座って、西へ向かって移動してきた鳥たちを見守っていると、彼らの多くはそこで一度立ち止まるのである。じっと動かないでいる私をのぞきに来るものもあり、それは面白かった。ただもっと印象に残ることがあったのである。

　そのあずまやの近く、尾根の一番先端に大きなコナラの木があり、そこから彼らは海に向かって飛び立つ。我々は、その木を「旅立ちの木」と呼んでいた。彼らは海を越えて行こうとしているのである。そのさまを見続けるうちに、小鳥たちの内なる声がひしひしと私に伝わってくるように感じた。

　目の前を通る鳥たち、じっと観察に来る鳥、こっそりと覗く鳥、一羽一羽を見ていると、それぞれ感動的で美しかったが、

ただ一時的な現象に過ぎないのだという思いも時にちらりと浮かんできたりした。そんな時、鳥とはまるで関係のない本であるが、ブルーノ・タウトの『日本美の再発見』を思い出した。その表現を借りるのが私の気分に合うようなので引用すると、

  日光では、ただ見るばかりで考えるものは一つもない。(P.37)

こんな気分が私の心の中でだんだんとはっきりと一つの意識になっていくのであった。その後、家に帰って思い返すたびに、彼らの飛び立つ姿は消え去らずに残像を伴い響きあう心の中の絵になって残っているのを感じたのである。思い切ってさらに同じ本から引用すると、

  桂離宮では、思惟がなければなに一つ見ることができないのである。小堀遠州の芸術は目を思想の変圧器にする、すなわち目は静かに観照しながらしかも思惟する。(P.37)

 という部分、特にその「目は静かに観照しながらしかも思惟する」が私を支えてくれるように思えた。ちょっと物々しい表現だが、私なりの思いをその表現に沿わせてみると次のようになるであろう。
 目の前を通りすぎる鳥たちの姿が重なり合った。渡りをする鳥たちの姿が一つになり、緑の林を背景に一枚の絵のように頭の中に像を結んでいた。それは一枚の生命の絵であった。同じ空間を彼らと共有しながら、どんな鳥かを識別し、数を数えは

したが、それは数を超え、種類を超え、命の移動の絵になって私の心の中に掲げられていたということであろうか。

　調査であり、観察であったが、ただ一人あずまやに座りほぼ瞑想といってもよいような日々は、観察に臨む私の心のありようを相当に修正したのであった。

　その調査も終わり、次に取り掛かったヤマセミの棲む環境は、タマシギの時とは全く違っていた。環境が変わると観察も変わると先に言ったが、ここでは、何もかも変わった。しかし変わらないことがあった。それは、坂から帰ってからの河原での観察であった。河原の石を積んでこしらえた石の腰掛にじっと座って、鳥たちが背負っているのであろう生命の働きに思いをはせることであった。

　長い前置きであったが、次の章では新しい環境、広島市内の太田川沿いにあるヤナギ林での観察日誌から少し引用することにしよう。ヤマセミ観察とは切り離しがたいのである。石の腰掛に座って、ヤナギ林で経験したことを振り返り思いつくままにコメントもつけ加えてある。

# 第3章
# ヤマセミの棲む樹林

　ヤマセミを語ることになると、彼らの棲むヤナギ林をほっておくわけにはいかなくなる。最初はそのヤナギ林に私はなぜか近づこうとはしなかった。しかし、冬越しのためにやってきたカイツブリをつぶさに見たかったのでその林に入った。2005年のことである。その時カイツブリを見ようとしていただけで、ヤマセミが現れるなど夢にも思わなかった。

　しかし、ヤマセミのつがいに猛烈に騒がれたのである。ヤナギ林の中でカイツブリの一番見やすそうな所に座っていた。しかし、その脇には一本の枯れ木があって、その木はヤマセミのつがいが一日中よく使う止まり木だったのである。まるで知らなかった。突然彼ら2羽が現れ、私のまわりを飛び回り騒ぎ出したから私は訳も分からずただ急いで逃げだした。

　この印象的な事件がヤマセミ観察の始まりとなった。同時にこの先私はどう行動するか考えざるを得なくなったのである。

　そんな騒ぎがきっかけになって、ヤマセミという鳥が私の心の中に住み着くことになってしまった。観察は始まったのである。私はヤマセミたちの生活の中心に入り込んでいたのだ。そのつもりになって行動しないといけない。外の世界の人間としてのぞき込むというよりは、ヤマセミたちの生活圏の内部にすでに入り込んでいるのであるから、彼らの生活の仕方に従わな

ければならないという思いが強く私にのしかかった。

　彼らの棲み処であるヤナギの林は、長さ250メートル、幅50メートルほどである。そのヤナギ林とどのように接するかは、ヤマセミとの接し方と同じく重要な課題となった。彼らヤマセミたちの生活を乱さないように気を配りながら歩いた。植物を含め、生き物たちにはなじみが増えていく。この林のヤマセミ以外の住人達の縄張りを通り抜けるのだから、いやでも気を配るようになった。

　2005年から2019年までの時々の日誌から、ヤマセミの生活はもちろん、ヤマセミが主役を演じるこの林に沢山いる生き物たちの振る舞いを少しばかり取り上げてみよう。生き物の世界と向き合う私の観察全体の様子を多少でも表明できると思うからである。

　同じところを自分の目でじっと見ること、長い期間見続けることが私の元々の行動の仕方である。彼らヤマセミたちの棲む環境全体を身近に感ずることにワクワクしながら、私の観察は始まったのである。

### 2005年12月18日

　この日は昼になっても雪は降り止まず、河原のヤナギ林には雪国のような景色が広がっていた。

　私はいつも通り太田川の河原に出たが、あまりに激しく降る雪に河原の地形も定かでない。木々の形が頼りだ。生きものの気配もなく新雪を踏みしめる長靴のキシッ、キシッという音だけが聞こえた。

川上に向かって歩いていると、小さなクワの木の根元の穴からフワッと**カシラダカ**が1羽出てき、すぐ川上の方に飛んだ。これがこの日の不思議な経験の前触れとはつゆ知らず、私はただ歩き続けた。

　そこから数十メートル進んだ時、後ろからハラハラとかすかな音がしたのである。激しく降る雪の中、羽音らしいものはすぐ脇のクワの木の細い枝で止ったが、まさかと思った。その木まで私から2メートルもないのである。恐る恐るそちらに顔を向けると、細い枝にカシラダカが一羽止っていた。私の出方を伺いちらちらと私を観察している。すぐ側まで来たのだから、何としても譲りがたい場所に違いない。

　私は、その度胸に感服。しかし、どうしていいか分からない。ちょっとでも動くと驚かすかもしれない。ただこの鳥におしかぶさるように立っているのもどうかと少し後ずさりすることにしたが、足元が安定しない。ヨタヨタして1メートルほど下がったけれど彼は全く動かなかった。

　この一期一会の縁を大切に味わいたい。写真にも残したい。しかしバッグがなかなか開かない。カメラが出てもピントが合わない。地面は傾斜して凸凹。私は、無様な格好で必死に足元を確認しながら下がった。やけくそになり、ガンガンと雪を踏みしめ姿勢を立て直そうと必死なのに彼は実に落ち着いて私を見守っていた。情けない。私はいつもの精神状態ではない。狙ってみるがまだ近すぎた。また後退、雪ふみである。

　それでも彼は、片足立ちになり、動かないことを表明していた。やっと撮り始めたが、カシャッとシャッターの音がする度に彼はその場で片足のまま1センチばかりピョンと跳び上が

　　　　　　　　　　　　　　第3章　ヤマセミの棲む樹林

る。そのたびに止る位置が少しだけずれる。

　ただ、私が一息入れたところで、「もういいでしょう」と言わんばかりに音もなくフワッと真下に下り、クワの木の根元に開いた小さな穴にスッと入ったではないか。激しい雪は降り止まず、我にかえった私はその木から遠ざかり、雪を踏み分け帰ったのである。

　この雪の中の奮闘はずいぶん長いように思ったが、カメラの記録によると、撮影に使った時間は3分間にすぎない。その間にやっと13コマだ。

コメント：こんなことはこの10数年間でこの1回だけだ。雪
　　　　がたっぷり積もって、ギシギシとその雪を踏みしめ
　　　　ながら、1羽の小鳥とやり取りをするなど信じがた
　　　　いのだ。それに、偶々カメラを持っていたことで、
　　　　この出会いは一層思い出深いものになった。普段、
　　　　あまりカメラを持って歩かないのだ。しかし、その
　　　　日は撮っても撮れなくても、汗だくになってレンズ
　　　　をのぞいたのである。カメラはカシラダカの「心」
　　　　を覗き見る役割を見事に果たしてくれた。カメラが
　　　　あるので彼ら小鳥の心の動きを間近でしかも拡大し
　　　　て見ることができるなどなかなか経験できないので
　　　　ある。
　　　　冬は、この河原にヤマセミはいないが、これ以後
　　　　ずっと様々な心躍る光景に直面することになった。
　　　　写真は、『Grandeひろしま』第31号を見ていただ
　　　　きたい。

## 2006年8月20日

　夕焼け空を背景に河原の草むらを見ながら歩いていた。夕方から夜にかけて動き出す虫の様子を見るためだ。

　太田川の私の観察場所からちょっと川下の草むら、時々水につかるような背の高い草むらに目をやりながら歩いた。夕方にはいろんな人が彼らの棲む草むらのすぐ側の歩道を通るが、通り過ぎないで、立ち止まって夕涼みをする人がいると、観察がやりにくい。

　8月に入ったばかりのある夕方、川はわずかに増水しだした。問題の草むらはもう水浸しである。人々もいなくなったので草むらに下りてみたら、既にヒゲコガネの動きがそこにあった。私の頭に付けたヘッド・ランプの光の中に浮かんだセイタカアワダチソウの葉にヒゲコガネたちがいる。その草の間を、雌に向けて一匹の雄が突進。その雄にもう一頭の雄が体当たり。動きが激しい。

　長靴をはいた足元の川の水が気になるし、雄たちの動きにふりまわされ息が切れそうになる。そのうち運よく一頭の雄が目の前に来た。今がチャンスだ。よく見ないとすぐ飛ぶぞ、とばかり全身に力を込める。ぐっと息を止めて見つめる。興奮して血が全身を駆け巡り、益々息苦しくなる。

　思った通りその雄の背中の硬い部分がパッカリ開き下から透明な翅がひろがった。我を忘れて目の前のヒゲコガネの雄に見入る。彼の胴体はなんと大きいこと、これでよく飛べるものだ。この背中の丸いこぶのようなものは何だろうと思っていたら飛んだ。

　この虫の髭はとても大きくて、更に大きく広がった時の整然

第3章　ヤマセミの棲む樹林

とした美しさは目をみはるばかりだ。しかし、何といっても面白いのはその飛ぶ姿である。彼らはカブトムシに次いで日本では2番目に大きな甲虫という。そんなに大きい虫が草むらの上を飛び回る。ただ、活動するのは薄暗がりの中だから、その動きを追うのはとても難しい。それに夏はなんといっても人々が出てくるので、全く観察を始められない日もある。

そのうちに、人の影響がなく何とか背景の少し明るさのある所をみつけた。そこで待つと彼らの不器用な動きが視野に入る。

8月20日頃のある夜、重たそうな尻を下にして体をぶら下げたまま、目の前に4匹も5匹も飛ぶというよりは揺れ動く姿があった。背の高い草のすぐ上をただあちこちするのである。空中から糸でぶら下げられているような印象があった。夜の暗がりの中で命がゆらゆらと宙に浮遊している幻の絵図を見ているような気分になったのである。

コメント：時には水につかるような草むらの土の中に彼らはいるようだ。私のいつもの観察地、ヤナギ林から200メートルばかり下手の水際である。暗い時間帯のこのコガネムシまで、ここの河原には何と生き物たちがびっしりと関わって生きているものだと感じ入るのである。ヤマセミにひかれて私はどんどん生き物たちの世界に取り込まれていった。生き物たちが私を導いてくれるのだ。

写真は、『Grande ひろしま』第53号に載せる予定。

**2007 年 11 月 25 日**

　白々と夜が明けていった。二つ目のハイドの覗き穴からいつもの通り漁師さんの舟がぼんやり見えだした。わずかな風でその船尾はジワッと動いた。暗いうちからハイドに入り、**ヤマセミ**たちの現れるのを待っていたのだ。6 時 40 分、まだ何事も起こらなかった。

　私にとって事件はそれから 2 時間後にこの船の上で起こった。確かにその気配はあった。雌のオマツが先に舟に来た。しかし雄のトシイエがなかなか来ない。こんなことはしきりに起こる。繁殖にかかわるこの時期、意外にも朝の出現時間はバラバラなので、つがいの雄と雌の間では、それぞれの思いのずれが分かりやすい形で現れる。

　巣穴の補修はつがいの 2 羽が顔を合わせないことには何も始まらない。ただ、双方の意欲がその朝同調しているとは言えなかった。先に来たオマツは飛び回る。トシイエが現れるはずの

3 の①　舟で雌がにじり寄る

川上に向かって飛んでは戻り、キッキッキと鳴いて騒ぐ。

土手の上にある止まり木に雄が来ると、すかさず隣に止り鳴き続ける。トシイエは後ずさりをして、オマツの勢いを避けようとする。これもよくある光景で、オマツはトシイエに迫り、巣に向かわせようとする。トシイエは、その意図はよく理解しているが、従うつもりはない。

そうこうしているうちに、場面は目の前の舟に移った。8時42分になっていた。私の頭の中では、ここでの彼らの行動と、先の止まり木の上でのやり取りとが結びつかなかったのだ。ちょっと離れて舟にとまった2羽の一方が、にじりだしたとき、私はあわてた。にじり寄りなど雄のすることと思い込んでいたので、実ににじり寄っているのがオマツだからびっくりしたのだ。何度も目を凝らしてみた。しかし、どう見てもそれはオマツだった。じりじりとオマツはにじり寄り、それに応じてトシイエは体を傾けまるで逃げ腰であった。トシイエは、舟から落ちそうになったところで、巣に向かって飛んだ。

実は、こんな細かい雌の仕草、それに応じる雄の様子など、これまではっきりと意識できていなかった。彼らの「心」のうちに湧き上がる思いがよくわかるようになったのである。

雌のオマツは自分が率先して働くのではなく、雄のトシイエに迫り働かせようとする。とはいえ、このつがいは巣の補修には熱心で、2羽で巣穴に長い時間、時には20分も入っていることがあった。

こんな風に、人間の言葉は持たないが、その鳴き声と仕草で自分の意向、つまり、巣に向かって仕事をしてほしいという自分の意図を相手に伝え、有効な伝達を行っていることに驚いた

朝であった。

コメント：ハイドは二つ目になっていた。最初の「ゴミ山ハイド」と呼んでいたハイドは、増水のため約7か月で流されてしまったので、その近くにまたもや自然物を利用して作ったもの、ハイドNo.2である。手間と時間はかかるが、いつもできる限り人工物は使わず、自然物でやりくりした。ヤマセミたちの居間のようなところに入り込むのだ。心してふるまう必要があった。ハイドのある場所はあくまでもヤマセミたちの「居間」のようなところなのだから、ここぞという時にだけハイドに入った。普段は、その300メートル下流部から彼らを見ていた。

### 2008年10月25日

今日も、ハイドNo.2に入っていた。見たいのは**ヤマセミ**のつがい、オマツ（雌）、トシイエ（雄）の2羽の活動だ。ここに取り上げたトシイエは、巣から小石を取り出し、その小石をくわえたまま高い巣穴から水面近くまで一気に滑空して下りて来た。そこから急旋回。グッと広げた翼が空気を押さえつけスピードが落ちると、そのままグーンと迫ってき、舟の縁につかまった。ここは広島市の太田川中流域。秋から春にかけこのつがいは間欠的に巣の補修を続けるのである。

狭い巣穴の中で働いて、出てきた彼の足には泥、翼の角にも泥、尻尾の先も汚れている。これは10月25日朝8時過ぎの図で、舟に来る前にザブンと飛び込んでくることもあり、足元の

第3章 ヤマセミの棲む樹林

3の② 雄が小石を運んできた

舟の板が濡れているのはそんな事情を示している。

　舟にとまると暫く小石をもてあそぶ。くわえなおし、支えあげたりして、ぽとりと落とす。ほぼ間違いなく舟の中に落とすのだ。その石は側面の板をコロコロコロところがり、最後にコトンと舟底に落ちる。すこし大きい石だとゴロゴロゴトンと響く。そんな音を楽しんでいるのではないかと思えるほど彼は小石を運んでは落とした。

　普段ずっと川下から望遠鏡を使い観察していると、そんな小さい音は捉えられない。そんな時には、この舟まで20メートルのところに作っていたハイド（No.2）がとても役に立った。それは水際に積もりに積もったゴミの山が増水で流されたので、この前の年に代わりに作ったものである。人工物ではないし、ゴミ山ハイドに劣らず何の心配もなく、私は彼らを眺めることができた。

それに、冬には舟が陸にあげられるので、その舟の近くの水中に大きな石を積み上げ、上に長さ約1mの丸太をのせて水中の足場まで作っていた。ここのつがいの重要な生活の場がなくなるのを心配したのだ。案の定、この雄と雌は冬中その抱える事情を丸太の上で見せてくれた。

　この年の2月10日の例を挙げると、雌のオマツは、丸太の向こうの端にとまっている雄のトシイエにしきりににじり寄りアピールして元に戻る。トシイエが巣に向かうまでそれを続ける。トシイエが巣に入り巣の補修に励んでいる間、多くの場合、オマツは少し川上の茂みにこもるのに、トシイエが巣から下りてきてしばらく丸太の上でぼんやりしていると、またやかましく鳴きたてる。私は、幾度となく「ちーとは休ませてやれーや」とハイドの中でつぶやいていた。ただ、多少のいさかいを乗り越え彼らは次の春を迎えた。

コメント：トシイエは、小石を落とすとコロコロと乾いた音がするのを楽しんでいるのではないかとよく思った。ともかく、沢山小石を運んできた。舟の中にたまった小石を私はできる限り集めた。舟の持ち主も協力してくれ、捨てたりしなかった。
　　　　　小石は、10月末から12月末まで500グラム。そこから3月末までに250グラム、合計750グラムになった。コレクションといってもいいほどの量で、彼らは、このような「趣味」を持つと言えるほど可能性があり、それを隠し持っているのではないか。彼らヤマセミたちには、確かに知力があると思うの

はこんな時である。

## 2010年11月2日

　この朝も暗いうちからNo.2ハイドに入った。秋に彼ら**ヤマセミ**たちは巣の補修を始めるが、つがいの2羽、トシイエとオマツの秋最初のころの活動を子細に見ようとしたのである。

　6時18分、彼らはいつものように川上から姿を現した。しばらくこの丸太に来たり中州に行ったり動きが活発である。時にキッ、キッと鳴き声を上げる。彼らがそこにいることを示す声と私には聞こえる。

　6時51分、2羽は丸太に来た。巣の方に行った気配はなかった。トシイエは、このように冠羽を立て突っ立ったまま動こうとしない。この朝は、丸太で巣の方を見上げ「祈りのポーズ」をすることはなかった。

　7時4分、丸太を離れすぐ下手の第一柳と読んでいるヤナギの大木に上がっていたオマツは、キキキキと大声をあげてトシイエのいる足場の脇にダイブ。見ると魚を捕っているのだ。その魚をくわえて丸太に移ると、よちよちとトシイエににじり寄った。魚を前方にささげたまま約15秒間おずおずと迫った。オマツはこのようにトシイエに一心に迫り、更に熱心に巣作りにかかわるよう訴えていたと私は見ている。落ち着いて祈りのポーズをするどころではなかったのである。

　しかし、トシイエはそっぽを向いたまま反応を示さない。まったくオマツの「意向」を無視しようとしていた。意向というのは何かというと、巣に向かっていき、補修を始めてほしいのである。このじき同様のことはしきりに起こった。雌が何と

3の③　雌のプレゼント

か雄を動かそうとするが、雄がなかなかその気にならないのである。雌は、冠羽を伏せ、服従の姿勢になっているではないか。へりくだっていると私は解釈している。見ているとなんだか切なくなってくる。　この状況は雌が魚を自分で食べることで終わった。

　2分後、とうとうトシイエは、キャラキャラキャラ……と大きく叫び、飛んだ。巣に向かったのである。この大声と巣の補修にかかる行動は連動している。この大声に雌のオマツはクルクルクル……と控えめに答えていた。

　トシイエが巣から出て川面に出てきたのに合わせ、オマツは飛んだ。2羽が協調している。ハイドの狭い視野では正確には見えなかったが、彼らは、川面を2羽で飛び回ったのだ。雄はなかなか動かないのだが、2羽はともかく協調して巣の補修作業にあたっているのである

## 第3章　ヤマセミの棲む樹林

コメント：この日は No.2 ハイドに入った。彼らの息づかいまで聞こえるようだ。そんなに沢山の例はないが、雌が魚のプレゼントをする。雄の方はそれが何を意味するか分かっているようで、初めからそっぽを向いたままである。雌はそこを何とかしようと迫る。

他のつがい、ナリマサとオハルの場合にもこのような行為はあった。オハルが巣から取り出した泥だらけの木片を拾い上げてき、嘴にくわえたまま水にダイブしてきれいになったのをもってきて、ナリマサにプレゼントしようと迫った。じりじりと迫りながら、最後にその木片でナリマサの横腹をチョンとつついたのである（2016.3.8）。

彼らは、本当に何か小道具を使って、自分の思いを相手に伝えることがある。これは驚きであった。この時もナリマサは動こうとしなかった。約1時間もかかってようやくナリマサは巣に向かったのである。ヤマセミは、道具を使い、何とかつがいの相手に巣に向かってほしいという自分の意向を相手に伝えようとしている。これは私の解釈である。

### 2011年1月20日

いつものように300メートル地点の定位置に座って、川上に目を向けると、大型のカモの姿が目に入った。どうも**ツクシガモ**（筑紫鴨）らしいのだ。こんな太田川の中流域に来ることはあまりないと聞く。時間は夕暮れ近く、4時43分であった。ずいぶん目立っている。

砂地に上がっていたそいつは100メートルほど上流にいる10羽ほどのカモたちの近くまで出かけ餌をすくって食べるのだけれど、何か訳ありの雰囲気があった。三脚に望遠鏡を取り付けて様子を見守ることにした。間違いなくツクシガモだ。

　このカモは他のカモたちに混ざることなく全く独り離れて行動する。食べ終わると泳いでゆっくりと約100メートル下り、元の砂地に上がって独り休む。しばらくすると、また流れを泳いでゆっくりさかのぼり餌場に向かう。この繰り返しで、飛ぶ姿が見られない。

　心配していたが、ある時砂地に立って巨大な翼を広げ羽ばたいた。綺麗な緑色をした部分のある翼がちゃんと動くのを見て大丈夫だと確信した。

　次に心配なのはこの鳥の平穏な生活だ。この鳥は、大きく色も目立つ。ここにいれば人目に付きにくく安心して冬を越せると感じたのだろう。私は、「友あり遠方より来る」という気分になり、この鳥を私の客人として扱った。この鳥の飛来についてはごく親しい知人にも話さなかった。もちろん、話してもやってくるような友人たちではなかったが。

　こいつは、幅約50メートル長さ100メートルの空間から出ることなく、毎日を同じように過ごした。そのうちここの環境に慣れたのであろう、川の真ん中に出て朝日に身をさらすようにもなったけれど、本当に飛べるのか心配であった。急流の部分でもいつも足掻きで遡ぼっていくのだから。

　けれども、来てから10日目の午前中この鳥はやっと飛んだ。たったの10メートルばかりだが、休憩場所から川の中に飛んだ。そして、その次の日の夕方には、流れに乗って下って

来た。ヤナギの林沿いだから目立ちにくい。300メートル川上の休息地から私の観察ポイントの少し上流まで来てそこから飛んで戻った。250メートルほどの飛行であった。

更に、20日目の2月9日の夕方には、観察ポイントの脇を通り越してずっと流れにのり下っていき、そこから元の休息場所まで400メートルばかり飛んで戻った。低く飛んだ。樹林の脇をただ元の砂地のそばまで飛ぶためだけに下ってきた印象があった。こんな風に飛んでいれば全く目立たないのである。

それから暖かい日が数日続いた後、春霞がかかった2月26日、その夕刻を最後にこいつは姿を消した。ほぼ一か月の間ここですごしたのだ。

コメント：時には、迷ってくる生き物もいる。ここは比較的大きな川の一角ではあるが、陸地側の河原にも、中州にもヤナギ林が広がり、大きな屏風に囲まれているような環境ができている。何かの理由で迷ってきた生き物に一時の平安を与えるのであろう。

確かに、中州の大きく育ったヤナギ林がすっかり切られてから、このツクシガモが休息していた場所付近で冬を越すものたちは激減した。人の出入りで騒がしくなったことと重なり、ヤマセミたちも姿を消した。林がまたもとのように育ち、ヤマセミたちが帰ってくるのを待ってみよう。

その林は、我々人間にとっても、心を和らげてくれる風景なのである。河畔のヤナギ林がどんなものか興味を持たれたら、私が連載させてもらっている季

刊雑誌『Grande ひろしま』第 51 号の写真を見ていただきたい。

## 2011 年 3 月 5 日

　河原はまだ真っ暗だった。草をかき分け木々の間をぬけて私は「秘密の小屋」に入った。遠くの瀬音しか聞こえない暗闇の中でぼんやりと時を過ごす。小屋の周りのごくかすかな音が耳だけでなく、体でも感じられるほど感覚が鋭敏になるようである。

　1 時間以上もたって、不意にかすかな生きものの気配がした。「ハラ、ハラ」という風切り音が聞こえたのだ。

　隙間から覗くとこの鳥が木の枝にいたが、下りてくるまでずいぶん時間がかかった。下りてきてもピョンピョン動き回るのでもなく、草の間をゆったりと歩く。ただ時々「ピシッ、ピシッ」と音が響いた。地面に落ちた木の実をこの巨大な嘴（くちばし）で砕いて食べているらしい。私はじっとしていた。

　大きな頭に巨大な嘴。それにこのぽってりとした胸から腹へのふくらみは一度会ったら忘れることはないだろう。このシメと呼ばれる鳥はスズメより少し（体長で約 4 センチメートル）大きいだけなのに、その体長の差以上に大きく見えてしまう。

　この「巨大」という形容詞が使われているのは、古い書物でも小鳥ではこの鳥だけのようだ（山階芳麿著、『日本の鳥類と其の生態』）。英名を見てみると元々は、Grosbeak（gros はフランス語の「でかい」、beak は英語で嘴）と呼ばれ、そのものずばりである。しかし、一つの例を挙げると、私の敬愛するイギリスのお坊さんが、昔ある時を境に呼び方を変えた。Hawfinch を

第3章　ヤマセミの棲む樹林

選んだのである。Haw は Hawthorn つまりサンザシという木の実。finch はフィンチという小鳥の類だ。ずいぶん可愛らしい呼び名にしたものである。「デカハシ」、つまりでかい嘴では可哀そうということらしい。

サンザシはイギリスの農地の境に植えられた木で、春は白い花をいっぱいに咲かせ、秋には赤い実をつける。その実はこの鳥のお好みというわけで、こんな風景がずっと続くその土地の風景にはふさわしいかもしれないと私はその名前に勝手に納得していた。

日本では、冬になるとこの鳥は遠く北海道などからやってくるようである。時に「ピチッ」と聞こえる声を出すくらいで行動はとても控えめ。群れになっていることもあるが、単独であることが多い。

草むらに食べるものが無くなったのであろう、この鳥は草むらの外にそろりと現れ、しばらくゆったり「パチン、パチン」と木の実を割って食べる静かな時が流れた。嘴も大きいけれど、その胸から腹にかけてのふくらみもでかい。もう3月である。旅立つ日も近い。

コメント：シメは単独で見ることが多いと書いたが、たまには群れていることもある。私の観察地であるヤナギ林の陽だまりから見ていると、ある日、河原の中央部にあるエノキの中木にシメ11羽が群れていた。地面に下りたりまた木にあがったりだ。多分エノキの実が地面に落ちていたのだ（2019.1.30）。

「秘密の小屋」とあるのは、三番目のハイド（ハイ

ドNo.3)である。これは、止まり木を挟んでハイドNo.2とほぼ等距離にあるもので、止まり木の上でのヤマセミたちの様子を間近に逆の方向から観察できるものである。正面から見るか背後からか、場合に応じて選ぶことができた。このハイドは、周りの環境に全く溶け込んでおり、私の目の前約1メートルのところがヤマセミたちの通路になっていた。

川に出る時、音もなく目の前を滑空するのである。それくらい私は彼らヤマセミたちの生活空間に溶け込んでいたと信じている。写真は『Grande ひろしま』第56号に掲載の予定である。

### 2012年3月28日

太田川の川辺は春の陽ざしに満たされていた。風もなかった。その日の朝、私はいつもの通り土手の下の草地、正確に言うと、私の観察地であるヤナギ林の林縁部、そこの狭い日だまりにじっと座っていた。そして正面の枝には一羽の**チョウゲンボウ**が止っている。そいつは時々飛び立つがすぐ元の枝に戻る。心地よい間合いがお互いの間に成り立っているような気がした。

土手の上には道路があり、その道路では車の通行が時々パタッと途絶える。そのような瞬間には、私は音の消えた世界に滑り込んだような気分におちいった。それで、そのチョウゲンボウと同じ空間を共有して独占しているような不思議な気分に満たされるのである。

30メートルばかり前方の柳の枝にいるこのチョウゲンボウ

は小型のタカである。1月に入った頃、川向うに住む友人から雄のチョウゲンボウが来たと知らせがあった。だけど、こちらの岸にやって来たのは3月中旬だった。もうそろそろ北の繁殖地に帰ろうという頃である。

　チョウゲンボウは、丈の短い草の広がる地面や畑の上空でひらひら浮かんでいるのをよく見る。風をうまく利用して空中にヘリコプターのように留まっていられるのだ。私の目の前には緑の草地が広がっている。そんな草むらと樹林の境目にこの柳の木はあった。彼らは地面を見張る高い止まり場を必要とする。昆虫、小動物を狙っているのだ。試しに私は適当なところ、といっても、何も隠れるものもない土手の一番下に座った。座っていても人間は人間だ。猛禽類がやすやすと人に近づきそうにないとは思いながら、私は草むらの一部になるようじっと動かずにいた。

　初めの日、3月18日には、彼は数十メートル離れて行動し、このヤナギの木には近づかなかった。ただ遠巻きに飛び回っているだけだった。私は出来るだけ知らんふりをして同じ場所に座り続けた。

　翌日には、問題の目の前の木を時々使うようになったが、向こう側に伸びた枝に止るのだ。しかも向こう向きである。いつでも逃げられるようにしているらしかった。20日には多少近づき、21日には、もう少し近づいて横向きで止るまでになった。こんなことをしながら10日目を迎え、3月28日になると、まるで警戒心が消えたかのように振る舞いだした。彼は私の真正面の同じ枝ばかりを使いはじめ、時々は、私の数メートル脇に下りる。その度に地面に爪が当たってカリッと音がす

る。何か掴んでは枝に戻るのだ。もうどこにも行こうとしなかった。

　その内、朝のやわらかい日差しを全身に浴びて羽繕いをしたり伸びをしたりくつろぎだした。私がもぞもぞ動いても、足を延ばしたり、ポケットを探ったりしても気にしないのだ。終に彼は片足を胸元に引っ込めて片足のまま休みだした。ほぼ1時間もそんなチョウゲンボウと私は向き合うことになってしまい、じっと座っていた。この付き合いを駄目にしたくなかったのだ。しかし、次の日には出発したようであった。

コメント：こんなことはこの川沿いに来て約18年間他に経験がない。よほど相性が良かったのか、ともかく私の思いはこいつに通じたと思っている。2023年にもこの河原にチョウゲンボウが1羽現れたが、こんな具合にはいかなかった。
　　　　　野生のタカでも、人の思いを受け入れ、ごく自然に人に接するような態度を示すことは稀にあるものだとひとり感動しているのだ。こんな時に、私は『星の王子さま』の中で使われる"tame"という言葉を思い出す[注]。これは、「飼いならす」と訳されているが、私も、そのチョウゲンボウを前にして、私自身を"tame"していたようだ。
　　　　　人間中心主義の手前勝手なところを私はそぎ落とすようにしていた。そのタカも何故か同じような状態になっていたので心が通じ合ったのだろう。
　　　　　ヤナギ林の林縁部にあるこの狭い日だまりが生き物

第 3 章　ヤマセミの棲む樹林

たちを包み込み、穏やかにしてしまう実例の一つであると言っておきたい。それに、やはり人間が出しゃばらないことだ。チョウゲンボウは、その日まるで自由に振舞った。彼は人間に対する恐怖心から解放されていたと思っていいだろう。彼の「心」は自由になっていたのである。

私が鳥たちに心があると思うのはそんな時である。この本で探りたいと思うのはそんなところだ。どんな所でも、野生の生き物とこの例のようなかかわり方ができるのを祈るばかりである。実はその可能性は我々人間の振る舞いが引き出すものに違いないと私には思える。

写真は、『Grande ひろしま』第 4 号を見ていただきたい。

注：この言葉については、『ことばの教育を問いなおす』p.155 を参考にした。

## 2013 年 1 月 21 日

カラス属はやかましい。森の中でも河原でも、ちょっと変わったものがいると騒ぎ立てる。物語に出てくる森の広報マンは大抵カケスであるが、この写真の場合はハシボソガラスたちだった。

その時、私は太田川の川辺にいた。特に何をしようとするのでもなく、川岸の歩道に座り込み冬の朝の淡い日差しの中、カワセミが行ったり来たりしている風景に目をやっていた。

暫くして、背後でカラスのうるさい声がしだしたが、いつも

のことだと思い振り向きもしなかった。けれども鳴きやまず、益々うるさくなったので、それでもと振り返るとキツネ色のものが草むらから上がってきた。わけもなく私は興奮した。何も身を隠すものもないところ、しかもこんな近くにのそのそと出てくるものだから、自分の目を初めは疑った。

　30メートルくらいしか離れていないのだが、そのキツネは私に気が付かない様子なのだ。カラスたちから逃げたいだけだったのかもしれない。ともかく私はこのキツネの写真を撮っておくことにした。大慌てでバッグを開きカメラを出しキツネに向き直ったが、キツネはまだ其処に立っていた。シャッターの音がして初めて此方を向いたのだからあきれてしまった。そいつは更にじっと私を確かめるように見つめてから、ゆったりとブロックを敷きつめた斜面を登って行ったのだが、斜面の途中から駆け足になったので可笑しかった。人間が後ろにいると不安になるのだろう。

　それはともかく、私が土手に置かれた物体のようにしか見えないのかと多少の情けなさと嬉しさが混ざった感情がこみ上げてきたが、初対面の動物に恐怖心を抱かせないとするとやはり楽しいのだ。

　だけど、キツネはキツネ、わけの分からないことをする。ある時は私の脇をすり抜けて行ったのだ。寒い朝で、ヤマセミを観察している石の腰掛ではマイナス3℃であった。そこは水際から5メートルしかない。その川岸を歩いて行ったのだ。勿論その川岸は座っているところからは落ち込んでいて後ろから来たキツネは全く私が見えない。しかし、真横までくれば私は丸見えなのだ。望遠鏡から目を離すとキツネの尻が目の前にあっ

第3章 ヤマセミの棲む樹林

たけれど、その堂々とした歩きぶりには感心した。彼はあくまでもゆっくり歩いて川上に向かい、40メートルばかり行ってからやっと振り向いて私をじっと見つめた。彼は私の存在を気づかないはずない。相当な演技者に違いない。私は遊ばれているような気になった。

キツネは目が悪いと言われているが、耳はいいようだから、近くでごそごそ動いている人間に気づいていただろうが、たぶん山に帰ることに集中していて、人間を意識するなど余計なことはしないのかもしれない。

その昔、人をだます役割をキツネが担っていたのも想像できるというものだ。

コメント：ある時など林内を歩いて、少し上に向かっていた。ノイバラに囲まれた一角にさしかかると、草の上にキツネが寝ていた。いい天気でそこもちょっとした日だまりになっている。すぐわきに私が来るまで気が付かないはずはないと思うが、邪魔くさいなという感じで彼はノソノソと立ち去った。悪いことをしたと思ったと同時に、ある詩人の詩の言葉を思い出していた。"sunny solitude"注 というもので、私は、そのキツネの「日だまりのひとり寝」を荒らしてしまったのだ。

詩人は、野生のヤギの似たような状況を扱ったのだろう。ヤマセミ同様キツネにとっても、このヤナギ林はありがたい存在であるようだ。

このキツネは川の東側の個体だ。実は西の川辺にも

別の個体がいる。そちらは林など隠れるところがごく少ない。このことをよく理解し配慮したいものである。

話題にしたキツネの写真は、『Grande ひろしま』第7号を見ていただきたい。

注：James Stephens の "The Goat Paths" で繰り返される、心地よい響きをもった言葉の一つで忘れがたい。*Understanding Poetry* の中に引用されている。

## 2014年1月3日

正月の三日早朝、私は河原のいつもの観察地に出た。太田川の河原はその時気温0℃を少し下回っていた。昼頃にもう一度出向いた時には12℃くらいになっていたので、私は水辺で作業を始めたが、途中で長靴の中に川の水がどっと入ってしまった。仕方なく岸辺の草に腰を下ろし靴下も脱いだ。裸足になり日だまりの岸辺に座っていると開放感にあふれてくる。そんな時だった。

何気なくふり返ったすぐ後ろの草むらから黒っぽい小さなものが飛び出たかと思うとまた入る。そっと近づくと、紫色に輝く蝶だった。後翅に尾のような突起がある。突起のあるのはムラサキツバメという蝶だと聞いた。

彼等は砂地にも、枯葉の上にも静止して翅を広げていた。大きなナナミノキの下の草むらには日の光がスポットライトのように差し込み、草の上の彼らは広げた翅を正確に太陽に向けているのだ。私はただじっと見つづけた。

次の日は、越冬場所を探すことにした。彼らが日光浴をする

## 第3章 ヤマセミの棲む樹林

　場所のすぐ脇にある高さ12メートルくらいのナナミノキから始めた。試しに、その木の南面の一番下の枝、地上から約5メートルのところを見ると、なんのことはない、そこにムラサキツバメの集団がいた。約3.5センチ×14センチある革質で光沢のある平たい葉の上だ。その葉柄の方に頭を向けて六匹のムラサキツバメがくっつきあっていた。そしてすぐ上に3、4枚の葉が重なりあい彼らに覆いかぶさっていて、そこはとても狭い部屋のようだ。それでも風で枝が揺れると葉の隙間が開き、全員の姿がちらりと見える。こちらには尻を向けているから、尾状突起の先にある小さな白い部分が日の光を受けて輝く。

　そこから約1.5メートル離れた葉の上にも別の六匹の集団がいた。彼らは大風が吹いても飛ばされない。雨の後だと日差しがあっても出てこない。勿論うんと寒いと下りてこない。飛びまわるのは暖かい日の昼すぎだ。メキシコで越冬する有名な蝶、オオカバマダラを思い出していた。そこでは気温13℃になると木から下りて日向で吸水するという。

　太田川のこの河原では、何本かの大きなヤナギの木とナナミノキなどが一体となって北風を防いでいるようである。木々の下の草地が格好の日だまりを造りだし、その限られたほんの10メートル四方の草地で日光浴をするのがムラサキツバメたちであった。次の冬も同じことが起こった。違った種類の蝶も混じっていた。この河原のヤナギ林内にある陽だまりはこんな役割を担っているのである。

コメント：水の中で作業していたのはヤマセミの足場近くである。慣れてしまうと、冬でもそんなに水は冷たくな

い。ヤナギ林にはあちこちに日だまりがあり、それを囲むようにエノキ、ナナミノキの小さな群落、アカメガシもわずかに見える。

秋口には特定のエノキにこのムラサキツバメたちは集まり、私の観察では、次にここで語ったクワの木に移り、最後にナナミノキで越冬するようだ。ただこれも永遠には続かない。誰かが問題のナナミノキを切った時から、このサイクルは狂った。

その日だまりにあるエノキをしばらく見に出られなかった。2022年秋11月18日、その木のところに立ち寄ったら、ムラサキツバメは忘れずに来ていた。そしてそのエノキの葉っぱでゆったり日光浴をしていた。このように、いろいろの災難を乗り越え、ヤマセミの棲むヤナギ林の生き物たちのドラマは尽きることがない。写真は、『Grande ひろしま』第27号を見ていただきたい。

**2014年2月19日**

ある冬の朝、私はわけもなく川下に遠出をしたくなり、自転車に乗って出かけた。3キロばかり走って河原に下り草むらを歩いていると全く見ず知らずの人が近づいてきた。そして、変わったフクロウがいると言ってそのフクロウがいる木まで連れて行ってくれた。教えてくれただけで、その人はそっけなく立ち去りゴミ集めをしだした。鳥など興味ないと言うのだ。有難いけれども、私はキツネにつままれたような気分であった。この人を私は太田川の「河原守り」と呼ぶことにした。

第3章　ヤマセミの棲む樹林

　目の前のクワの木には**トラフズク**と呼ばれるフクロウが三羽いた。居心地がよさそうな所である。普通、河川敷は吹きさらしで落ち着かないことが多いが、そこは地形と木立の関係で強い風が当たらなかった。

　何日かして、人の出歩かない早朝にも行ってみた。冬の朝の淡い日の光が射し始めており、三羽の内で一番大きいこの個体は、ある詩人の表現を借りると、'sunny solitude'（解釈すれば、「誰にも渡したくない心地よいひだまり」）の只中にいたようである。細く目を開けたまま全く動かなかった。

　別の日の夕暮れ時、試しに彼らから約60メートル離れた草むらに隠れ、望遠鏡を覗いてその動きを見守った。彼らは、木に止ったら1センチも動かないようだ。枝を離れ飛び出したのは日没後11分であった。暗くなって時々近くでバサッと地面を翼が擦る音がしたりする。獲物を追って暗闇を自由に飛び回っている様子はその音の動きが教えてくれた。

しかし、昼間トラフズクたちは落ち着かなかったようである。河原守りの話では、カメラを持った人々に追い回されることになった。今は情報社会である。トラフズクは生きものでなく「情報」として飛びまわる。人々は団体でトラフズクを取り巻いたりしたという。姿を消したトラフズクたちの居心地の悪さはどんなだったか。人間の身勝手さはどうしたらよいのか。

　写真は「合法的」に生きものを自分のものにして家に持ち帰られる便利な手段である。しかし、法に触れなければ人は何をしてもいいとはいかないであろう。こんな時、例えば「個人の自由は人類の災いか」と嘆いたアメリカの政治家たちの苦悶を思い出す。

年中ほぼ休みなく河原のゴミを取り除いている河原守りは、この休息地の責任を一人で背負っているように見えた。トラフズクたちが休むクワの木に引っかかっていたプラスティックの洗面器を敢えて取ろうとしなかったのだ。河原守りの気配りのこもったその薄青色の洗面器を私は忘れられない。

コメント：この人、「河原守り」は何も知らないと言いながら、その様子からして自然に詳しいと同時に愛情のこもった接し方をする人であることはよく分かった。ただ、ともかく鳥の趣味の人たちにかかわりたくないらしい。それで、私にトラフズクの存在を知らせると、さっさと消えてしまったのだ。ドサドサと複数の人間が生き物に近づくのを避けたかったのだろう。それにしても、わざわざ遠くから私を見つけて近づき、教えてくれたのはなぜか、何かとても不思議だった。
　それだけではなかった。別の機会には、私の観察しているヤナギ林のある植物のことを詳しく教えてくれたのだ。ただ、彼はいつ聞いても名前を名乗るのはかたくなに拒んだ。
　それ以来会っていないが、元気かどうかも分からない。忘れがたい人である。写真は、『Grande ひろしま』第 15 号を見ていただきたい。

## 2014 年 7 月 1 日

　ヤマセミたちの生活の邪魔をしたくないとはいえ、時々は彼

らの「感情」のやり取りを接近して確かめたくなる。そんな時のための隠れ場所があり、そこに入ると、止まり木まで25mだ。必要な時には真っ暗なうちにそこに入り、ヤマセミたちが来るまでぼんやりと過ごす。その間に、川の瀬音などが私の感覚を整え、川辺の雰囲気になじませてくれる。

この挿絵の2羽は、すでに語ったつがい、ナリマサとオハルの子供たちである。雛が巣穴から飛び出して24日目になるとこんな様子だ。私はヤマセミたちの自然な動き全体を把握するために、普段はこの止まり木の300メートル川下から彼らの動きを見守ることにしていた。60倍の接眼レンズをつけて望遠鏡で覗くとよく見える。中州からこの止まり木までの往復なども連続して見渡せたし、巣穴から出るのを躊躇する雛の様子も見てとれるのだ。

この日は彼らの行動を間近で見て確かめたくて隠れ場所に入ったのだ。止まり木には朝5時過ぎから8時過ぎまで若鳥たちがいたし、親鳥も時々やってきて、大賑わい。中でも、止まり木を離れない若鳥たちは5時59分から7時26分まで4回もこの画像のような「嘴のくわえごっこ」をした。

さし絵は白黒だから分からないが、2羽の翼の裏は親鳥の雌と同じく赤い。若鳥は雄も雌もみな同じ色をしている。それに、よく見れば横腹までごくうっすらと赤みがある。ただ、この時の右側の個体は雄の可能性があった。胸にうっすらと茶色味が出ており、冠羽もそれらしく立派なのである。

ついさっきまで彼らの雄親、ナリマサがこの止まり木にいたが、その間若鳥たちの様子はというと、妙にちゃんといい子をする。しかし、いなくなると、ずるずると彼のいたところまで

3の④　嘴のくわえごっこ

移動し、その場所を強くこんこん突っつくのだ。これは親が魚を持ってこないかららしい。彼らは腹を減らしているに違いないのだ。そのためであろう、2羽だけになると、お互いに嘴で丁々発止と「くわえあう」行動を時々十秒ほど続ける。親から魚をもらう動作を繰り返してひもじい思いをぶつけあっているとみている。

　もう7月1日。広島の太田川にある私の観察地では、抱卵開始が最近ずいぶん遅くなってきたために、ここまで子育ては続いた。観察を始めた2005年ころは、抱卵開始が確か4月1日くらいだったと記憶している。

　彼らにも「家族のだんらん」というものがありそうである。鳥などの生き物の外見にばかり気を取られずに、私はその内面の現実を見たいのである。今回お見せした家族の日常は濃密だ。その濃密な世界を探らずして、ヤマセミを語るのは難しいのである。

コメント：ここぞという時にはハイドに入る。若鳥たちが止まり木を自分たちの定位置にしている。こんなことは出会うのが難しいので、間近で細かい様子を見てみようと思ったのである。ハイド No.3 は実にありがたい存在である。とはいえ、私の観察の八割は、ずっと下手 300 メートルのところだ。

ただ、この日はハイドに入った。この No.3 ハイドから止まり木まで 25m。撮影のためのカメラには手製の分厚い防音カバーがかぶせてあるので、音で彼らを驚かすことは小さいと信じている。撮影は無線で行った。

私は彼らより早く現場に来て潜んでいるのだから、彼らから見ても私はそこにいないかのようになったとしてもおかしくない。私は、このようにそこにいないかのようにふるまった。彼らの動きを十分知ったうえでそのハイドへ出入りするので、彼らの行動には影響がとても少なかったと信じている。ともかく、長い間観察できたことは幸いであった。

しかし、最近はそれもなかなかむずかしい。鳥を見る自由、人間の自由は恐ろしいのである。人間中心主義というか、自由主義の社会では、よほど人々が洗練され修練を積まない限り行く先は多難である。先にトラフズクのところで語った「河原守り」のような人はごくごく稀なのである。

この若鳥たちの写真は、『Grande ひろしま』第 41

号を見ていただきたい。

## 2016年10月25日

　ある出会いをして、それがただの偶然だと思っていたら、実は、意外にも自分の身近に同類のことがすでにあれこれ用意されていると知って、我々は驚くことがある。この鳥との付き合いはそのようなものの一つだった。

　もう40年も前、広島市内の牛田に私は住んでいた。山沿いのお城のような石垣の上にある屋敷に間借りをしていて、そのとても広い庭は自由に使えた。庭の西端にザクロの木があり、その脇にこの鳥が毎年やって来て目の前で恐れ気もなく枝移りするのだった。朝早く囀るので庭に出て見た。毎年5月24日に現れ25日までいた。

　暫くしてそこから約10キロ北に引っ越したら、その家の側の公園でも鳴く。家に居てもその声は聞こえるなど浅からぬ因縁というべきだろう。私が近づくと、いつも囀りの声が高くなった。その公園では毎年25日と26日の2日間の滞在であった。

　それからさらに10数年たったであろうか、雲月山の麓に仲間と建てた山小屋に一人で泊まっていた。1999年のことだが、このことは先に語ったので省くことにして、次の例に移ろう。

　それから17年たった2016年の春、家の近くとしては例年よりかなり遅く6月7日に出現、8日いっぱいはそこに居た。8日の日は小雨模様の天気であったが、彼が鳴いている木の下の草むらに座り込んでその囀りを録音することにした。彼は逃げもせず、頭上で元気に囀った。私はただこの鳥と戯れるのが楽

しくて、自分でも不思議なのだが、写真を撮ろうとしたことはなかった。

　初夏には毎年会うのだが、秋には見たことがなかった。別のところを通るものと思っていたら、その秋、10月14日に同じ木にやって来た。その木の下を私が通ると、ジジッ、ジジッ……と鳴いて近づくのでとても驚いたのである。実は、その頃別の目的で近くの草むらに道をつくっていた。まだ暑い日差しを浴びながら草刈りをしている私をそいつは約80メートルも追っかけてき、時には先回りして小さなクワの木の葉陰から私をちらちらと覗く。こんな行動は経験ずみだ。

　10日ばかりたった25日早朝、私の観察地、ヤナギ林の林縁部に咲き残ったサクラタデを撮影しているとすぐ後ろでジジッ、ジジッと鳴く。少し遠のいたと思うとまた戻ってきた。クワの木はまだ葉っぱが残っていて彼の姿はほとんど見えない。試しにレンズを向けると全身が一瞬だけ見えた。ムシクイ類は皆同じように見えてしまうが、私はコメボソムシクイだと信じていた。それでも万一ということがあるので、渡り鳥にうるさいベテランたちに見てもらったところ、写真ではわからないと言う。

　この鳥が何時も私に付きまとうのが楽しくて、声の録音も、20日と25日に、手持ちのICレコーダーで記録しただけだった。ただ。地鳴きの録音は決め手になるに違いないと思い返し、パソコンで処理するのに友人の手を煩わし、更に、松江に棲む古い友人を通じ島根県に住むベテランに調べてもらった。間違いなくコメボソムシクイ（オオムシクイ）という意見であった。

その鳥のジジッ、ジジッという声は10月29日の午前中まで低い茂みのなかに響いていた。

コメント：私の住む太田川中流部というか、山陽高速道路沿いの土地は、よほどこのような鳥に好まれているのだろう。いつでも出会えるような気になって記録せずただ彼らの声を楽しんでしまうことが多い。中でも何度も触れた河原の林縁部の日だまりでは彼らに出会う頻度が高く、そこは特に好まれている場所のようだ。

たまたま切らずに残されていた河畔林である。そこにたまたま立ち寄る彼ら小さい鳥たちに気づく人は少ないようだ。

心して川の林を利用する生き物たちの生活、性格をよく理解し、保全しなければならないだろう。

人間中心主義だけでは、世界はさみしくなるばかりなのである。

この鳥の写真は、『Grande ひろしま』第58号に掲載の予定。

### 2017年9月28日

秋の天気とでもいうのか、数日雨が続いた後その朝は日がさした。もう9月も終わりに近い。いつものことだけれど、その陽気につられて私はヤナギ林の端っこの草むらに座った。太田川中流にあるヤナギ林の林縁部である。

穏やかな日の光を全身に浴びながら10分ばかりぼんやりし

第3章 ヤマセミの棲む樹林

ていると、小さなチョウ、**ウラギンシジミ**たちが目の前で飛びはじめた。それを待っていたのである。

　普通、翅の表はこの写真ほど鮮やかな赤でなく鈍い赤茶色だが、裏側は銀色なので、飛ぶと日の光を反射してキラキラと輝く。とても機敏な動きをするから目で追うのが大変だ。2匹がもつれあって追いかけ合う。それにもう1匹が加わる。この塊が3つも4つも入り乱れる。

　大きなエノキの脇に生えた数本の小さなクワの木の周りをグルグル飛び回る。急上昇しては、急降下。雨上がりで湿気の残るそこの空間は気温が上がり青臭い草の匂いに溢れていて、エノキの下で見守る私は、おおよそ30メートル四方のその草いきれを胸いっぱいに吸い込みながらウラギンシジミを見守っていた。

　クワの木の大きな葉に止っては飛びだし近くに来た仲間を狂ったように追い、また元の木に戻る。これを繰り返す。

　小さな蝶に焦点を絞ってじっと見ているのに、意外にも、すっと視野が広がる時がある。焦点を絞って見ていると、世界は小さく狭まっていくが、ある時点まで行くと意識はそこにとどまっていられず広がるのだ。柳の林、その林縁部の草むら、2本のエノキ、そしてその近くの小さな水たまりが一緒になってぐんと私に迫る。

　目の前の空間には、7、8匹のウラギンシジミが飛び交い、地面近くの草むらにはリスアカネというアカトンボが点々と止まり、その近くにイトトンボの類、それにミツバチの類も飛び回る。大きなエノキの梢すれすれをめぐってゆったりと飛ぶのはギンヤンマ。それに林の中からモズのキチキチ……というい

つもの鳴き声がとどく。

　毎日というわけにはいかないが、秋の長雨の後の晴天は、こんな生き物たちの生きる姿をこの林縁部にギュッと集めてくれる。この陽だまりの静寂の中に生き物たちはそれぞれの位置を占め、久しぶりのうららかさに満たされているようであった。

　それから丁度2年後の9月25日、観察場所そばのコンクリート歩道に座っていると、すぐ近くに下りてきたウラギンシジミ、なんとも鮮やかな赤色をしているではないか。触角の先まで赤いのだ。

コメント：ここの林縁部の日だまりはよほど居心地が良いらしい。エノキとヤナギの大木の下に若いクワの木が数本あって、地面は短い草むらである。南向きで、風は当たらずこんな連中が集まる。私はその中をくぐって、ヤマセミの観察に出ていくのだ。その日だまりは、生き物たちの仲間に入るための受付のようなところである。

　2022年秋にも彼らはこの日だまりにやってきた。そして日光浴をしていた。

　受付をうまく通れないようでは、観察はただの作業に終わってしまいかねない。

　蝶にひかれてヤマセミ参り。さらに、ヤマセミにひかれて鳥の生命を巡る千日参りのような気分になって、私は河原の日々を過ごしている。

　このチョウの写真は、『Grande ひろしま』第42号を見ていただきたい。

# 第3章　ヤマセミの棲む樹林

## 2019年12月12日

　その日、私はいつもの観察場所を離れヤナギの林の探索をしていた。この季節にはヤマセミたちもいない。空き家のような彼らの活動中心地まで歩いていき、林が途切れ草むらになったところに立って、そこから見える中洲の様子を確かめようとしばらくの間なにもせずただぼんやりしていた。その時であった。

　もう冬なのに、ごくごく小さく控えめだが、美しい囀りがヤナギの梢を超えて空に広がった。はじめは錯覚だと思ったが、その声だけで私は何かずっと遠くの土地に迷い込んだようなまことにフワフワした気分になって天空を仰いだ。そんな心地よい調子の音のつながりがここにあるはずがない。

　そのうち、その声は大きくなり、速いピッチでピュロピュロ、ピーピロピーピロ……と私の観察地のヤナギ林に広がり始めた。2019年12月12日、太田川の水際から10メートルくらいのところである。

　ともかく私はぐっと正気に戻るように努めた。すでに冬だ。しかも広島という土地の平地に響く鳴き声ではない。とても麗しく流れるような音色なのだ。幻でもなく、本当に生きているルリビタキの声である。ともかくその声の主を探そうと、そろりそろり歩いてその声に近づいていった。近くの山の中で聞いたことはあったが、ここは平地のしかも河原である。

　当惑している間もなかった。本当にその鳥はすぐ近くにいたのである。高さ約4メートルの若いクワの木の中段で一心に鳴いていた。まだ残っている大きな葉の間で、木漏れ日を浴びながら鳴くのだ。すぐ近くまで近づいても構わずますます元気にさえずった。

何という響きだ。特別なリズムがあるわけでなく単純な音のつながりであるが、転がるようなその調子は人を快活な気分に包む。そして何より人間が近くにいても、鳴きやんだりしないなど、あの南アルプスなどの高山地帯で経験する陽光あふれる雰囲気が辺りに満ちていた。この広島市内の太田川の冬の河原では驚くべき現象である。午後の２時だ。天気が良く、風もない。気温をはかると12℃まで上がっていた。

　彼らは思った以上に人を恐れない。というより人を利用する。里山に入った時などわざと林床の落ち葉を大きな音をたててひっかくと、近くにいれば彼らはすぐにやってくる。

　ただ、この冬の奴は、そんな気配は見せなかった。その近くに真っ赤な実をいっぱいつけたナナミノキが数本と、これも栄養たっぷりな実をつけたアカメガシワの木が一本あったからだと思うことにした。

コメント：冬のさなかにも鳥たちは囀る。鶯なども囀る。人々はそんなことはあまり気づかない。大抵は、我々のまわりの自然を、山があって、川があって、水が流れ、その縁に木が生えてと、簡単にまとめて知っている気になりがちではないだろうか。人間は自分が見たいものだけを見るところがあると反省を込めて思う。
　　　　　我々がいかに多様な生き物たちに囲まれているかについて、ちょっと気づいたことを書いてみた。そんなことは思い上がりで余計なこととなるかもしれないが、ちょっとずつ進もうと思う。

> 我々は普段から身の回りに棲む生き物たちの気配にもっと敏感に反応できる態度と感受性をよみがえらせる必要があるようだ。我々の住む環境がとても単調で、寂しくなってから、我々はあわてがちなのである。
> 写真は、『Grande ひろしま』第43号を見ていただきたい。

　ヤマセミの棲むヤナギ林の日誌のごく一部分をお見せした。今となっては、私のヤマセミ観察は、このヤナギ林なしでは考えられない。というのは、季節ごとに展開するその他の生き物たちがヤマセミたちの生活を背景で彩っていて、その環境全体は分かちがたいと感じられるからである。

　殆どの人は、このような小さな自然、何の目覚ましいものもない自然は見ないで通り過ぎるだろう。お仕着せがましいかもしれないと思いながら、ここに私の日誌を少し紹介してみた。

　生き物たちはよく育ったヤナギの林に守られ、食べるものを与えられている。林はそこにただあるだけでなく、実際に生きているのである。季節を巡って鳥たち、虫たちのよりどころになっている。その主役がヤマセミだとしても、みんなでこのヤナギの林を形作っている。

　数年前に、実はこの柳林の向かいにある中州に発達していたヤナギ林が切られた。居心地の良い環境を作っていたのは衝立のように育っていた中州のヤナギ林であった。偶然の重なりでもあろうか、ヤマセミたちは姿を消した。冬場のカモたちの休

息場所もなくなった。とはいえ、この地の環境の可能性はとても大きいと考えている。単なる川の流れ、単なる川沿いの林ではなく、親しみを込め、姿勢を低くして見守ってみよう。そして、よりよくここの環境の本来のあり様を理解し、忘れずに維持していくのが我々人間の使命であろう。

　ここのヤナギ林のような林が、生き物たちのためだけではなく、我々人間にとっても重要なのだ。ただの川ではないし、ただのヤナギの林ではない。夏の朝、雨があがったすぐ後に朝日がさし、そのヤナギの林をくっきりと照らし出すその瞬間に立ち会ったなら、人は誰でも感動に揺さぶられるであろう。このような林のあり様に興味を持たれたら、すでにツクシガモの項で書いたように、私が連載を受け持たせてもらっている季刊誌『Grandeひろしま』第29号を見ていただきたい。

# 第 4 章
# ヤマセミの Signalling（信号行動）

　Signalling という言葉は、第 2 章でタマシギを語る際にも使ったものである。鳥の行動観察・研究の先達、Tinbergen が動物の行動を説明するのに使っていたもので、尊重してあえて使っている。

　第 2 章では、タマシギについて語った。雄と雌が生得のものといえる抑制された行動にほとんどの場合したがっている様子である。次に語ろうとしているのがヤマセミで、彼らには私が引っ越したところの近くで出会ってしまった。2 つの観察は時間の上では約 30 年の隔たりがある。

　ヤマセミであるから、観察地の環境もタマシギとはまるで違う。しかしながら、私の観察は、タマシギの場合と同じく雄と雌がどの様に生活しているか、お互いの内面をどのように伝えあうのかに自然に絞られていった。ただ、じっと見続けるというそれまでのタマシギの観察、坂町の調査に臨んだ態度を引き継いでいたのである。

　観察のほぼ 8 割は、ヤマセミたちの活動中心地から 300 メートルか 250 メートルの川岸に座って行った。250 メートルの観察地点は、増水して 300 メートル地点に出られない時に使うものである。

その250メートル地点にある石の腰掛は、ヤナギ林の林縁部にある。日だまりと呼んでいる観察場所の側、約20メートルのところである。それ故、ヤマセミ観察とヤナギ林の探索は私の感覚からは切り離しがたいものになっていた。坂町の尾根にあるあずまやに座るのと、川岸に作った石の腰掛に座り、ヤマセミという鳥を中心にした命の営みにかこまれ、それらをじっと眺めるのと基本的には何も変わらなかった。

　ここのヤマセミたちは、夕方には川上に帰り、早朝ここに出てくる。そのルートは決まっていた。出現するあたりの水面は、300メートルだから、遠くてただ銀色のちりめんのように輝いているだけである。そのちりめんの表面に現れる黒い点のようなヤマセミを毎朝ただ待つのだ。銀色のちりめん上の黒い点はその日の始まりであり、その黒い点を待つ早朝の時間は、静かな思索のためのようなものとなっていた。

　だから、ここに書いていることは、ヤマセミ観察記録ではあるが、私の長年のヤマセミとの交流を通して私の情緒がくみ上げたヤマセミの命の記録でもある。特に鳥たちの内部にあるものの動き、そしてそれがどの様に我々の目に見える行動になるかなど証明できそうもないと思われるかもしれない。しかし、私は敢えてその事柄に焦点を絞って思索した結果である。

　こうして始まったヤマセミ観察であるが、そのSignallingの様子を語る時、比較すると分かりやすい例として、もう一度、広島市牛田で観察したタマシギのつがいたちの行動を振り返っておくことにしよう。約30年前の観察である。

## 第4章　ヤマセミのSignalling（信号行動）

　巣作りをしているタマシギのつがいは、2羽の共同作業とはいえ、なんとも不自由な生活を送っている。私の見たところ、個体同士の生き生きした「思い」のやりとりに乏しい。正確には、私はそのやりとりをはっきりととらえられないのである。そのことについて少しだけ触れておこう。

　タマシギのつがいが巣作りをしているところを見ると、雄と雌はどちらも一心に巣材を集め、交代に巣になるところの産座部分に入り、何の問題もなさそうに見える。しかし、巣作りも進行したころの雌の様子は普段とまるで違うと感じることが多い。というのは、しばしば見られる雌の振る舞い方というと、巣作り最中の巣の縁に突っ立っている様子が目に付くのだ（これは、p.57に使う第2章のさし絵を見ていただきたい）。

　それなのに、運が良ければ、巣に入って座り込む様子を見ることがある。その時の雌が巣の細部を点検する振る舞いは見ものである。そのいとおしそうな様子は見ている者の胸を打つところがある。

　雌は産座になるところに胸を押し当て、向きを変えてまんべんなく何度も何度も居心地を確かめる。時間をかけ、実に丁寧なのである。自分がこれから卵を抱いて温めるかのように、まるで「愛しげ」というのがふさわしい態度になる。自分のまわりの草を引き寄せ屋根掛けもする。

　今から自分で卵を抱く気分が身体全体にあふれている。まさにそのような気配が生ずるのである。情緒的だと言われるであろうが、正直なところ、私はとても気の毒でやるせない気分になるのだった。

タマシギの雌は、2卵生んだら巣の在り場所から遠ざかる。そして巣は雄が単独で守るものとなり、他のものはつがいの相手といえども、簡単には近づけないというのがごく一般的なつがいの様子である。その厳然たるルールに雄雌ともに従う。しかし、繰り返すと、そんなことを感じさせないほどに雌が巣の仕上げに念を入れる場合が時にある。その時の愛し気な雌の内面はそのまま誰にも受け止められることはない。表明する自由もほぼないし、それを受け止める雄の柔軟性もない。

　そんな雌の表情、振る舞いは、巣を離れてしまえば、全く存在しなかったかのような生活に戻る。そんな生活上の不自然な生きざまを抱きながら彼らはずっと長い間生きてきたようである。

　ここでやっとヤマセミの雄雌がどんなふうに「思い」を伝えあっているかについて語ることになる。鳥たちの行動とその内面に関心のある私であるが、ヤマセミとはどんな鳥なのかをぼんやりとでも掴むことから始める必要があった。どんな所に棲んで、どんな生活をしているのか、初めは何も知らなかった。それでも、というより、だからだろう、観察そのものが楽しかった。先に語った300メートル地点からじっと見つめる銀色の川面に現れるヤマセミ、その飛んでいる翼の動き、その川面からシューッと浮き上がるように上がって約4メートルの高さにある彼らのお好みの枯れ木にふわりと止まる空気の捉え方は、とても私を爽快な気分にしてくれた。

　彼らは大抵水面から1メートルあたりを真っすぐ飛んでいる。そこから例えば約10メートルの木の枝に上がる際も同じ

第 4 章　ヤマセミの Signalling（信号行動）

ように幅広の翼が引き起こす揚力を利用して軽やかに上がっていく。ただそれを見るだけで楽しかった。思わずタマシギと比較してしまうのだ。

　タマシギといえども素晴らしい飛行家である。夕暮れ時には、まだ明るい空を背景にかなりのスピードで直線的に飛び、目的の田んぼに向かう。その田に何か気になるものがあると、軽快に急旋回もする。しかし、ヤマセミのように滑空してふわーっと高いところに上昇して上がっていくなどはできなさそうである。タマシギは殆どの時間草むらに潜んでいるので、地面を歩く鳥の印象が強い。

　一方ヤマセミは開けた空間をいつもフワッ、フワッ、スイーッと飛び回る[注1]。その飛び方は彼らの持ち味、生来のものらしく、自由闊達なのである。いろいろな場面でその体の動きが生かされているらしいことに思い至り、観察を重ねるごとにその飛び方が引き起こす様々な現象について考え、その意味を私なりに解釈することになった。家の近くの太田川で、13年間に自分で命名したトシイエとオマツ、ナリマサとオハルの2組のつがい[注2]を次々と観察した結果、私が特に注目して取り上げてみた実例の数々を紹介してみよう。

注1：彼らヤマセミたちは、飛翔力に関してはよほど自信を持っているようである。すぐ近くの高圧電柱によくハヤブサが止まるが、そして、彼らは、いつもハヤブサからはまる見えなのに、一向に気にする気配がない。
　　ある時など、何度も話題にしている水中の足場に彼らがいた時である。上空をゆっくり舞うハヤブサの姿があった。そいつは、川上側より下手に回り込んで、300メートル地点にいる私とヤマセミたちの真ん中あたりにゆっくり下りてきた。何が起こるか見るのに絶好の機会である。ハヤブサは水

面近くまで下りてから、彼らに向かって飛ぶのだから、速度も出ない。襲うつもりはないことは分かっていた。ハヤブサが近づいてもヤマセミたちは動かない。どんどん近づくので、こちらはハラハラする。しかし、ヤマセミたちはパニックに陥らない。

　もうあと10メートルというところで、雌の方は川にダイブ。雄は、何とハヤブサが飛ぶのを先導するように川上に飛んだ。なんと無謀なと思ったが、彼は、いつもの休息の林に入った。なんのこともなく、このハヤブサは肩透かしを食わされたように私には見えた。猛禽類に対してもこんな具合なのである。

注2：識別に関しては、眼で見て分かると自覚したのが2007年秋。トシイエとオマツを写真撮影で初めて識別したのは2007年11月25日である。このつがいに関する記録は、2007年の繁殖から2012年の繁殖期までの6年間、次のナリマサとオハルは2013年の繁殖期から2018年までの6年間のものである。それ故、観察データとして使っているのは、2007年から2018年までの12年間の記録となる。

　まず、その飛び方、早朝の風景の中で見た滑空が生活の中でどのように展開しているか、その実態を取り上げることにしよう。

## 実例1　雛の滑空、親の滑空

　最初に、雛がどんな飛び方をするか、どのような能力を持っているか、それにその能力をどれだけ認知しているか見てみよう。それには、雛が巣穴を出る時にどのように飛ぶかを見るのが一番良いだろう。年ごとに何度も見ることができたので、その記録を辿ってみる。トシイエの雛が巣穴を出たところの様子である（2009.6.21、6:23〜6:40a.m.）。

第 4 章　ヤマセミの Signalling（信号行動）

　一番目の雛は巣穴を出ると緩やかにフワフワとホバリングをして、そのまま約 30 メートルのところにある一番近くのヤナギの大木に向かった。2 番目の雛ははじめにホバリング、すぐに滑空に移り、一番目の雛が行ったヤナギの隣のヤナギに行った。驚いたのは 3 番目の雛だった。出ると軽くホバリングをしたが、後は巣穴と川向こうの中州までの高さの違いを利用して滑空をしたまま行ったのである。十分 90 メートルはある距離である。

　生まれて初めての飛行なのに、この雛はそれだけ滑空できることを知っているのである。全く不安そうな様子がなく、真っすぐに中州に飛んだ。数時間後にはどの雛も、ずっと一人前に親について川面を低く飛び回った。それほどに飛ぶことに自信があるのだ。まるで不思議な光景ではないか。滑空の能力とその突然の発現をそこで私は確かに見て取ることになった。

　次は親の滑空である。先に語った様に、私は彼らが飛ぶときに滑空要素を多く取り入れていることに気が付くとともに、その動きの美しさに感動してきた。彼らは翼がつくりだす揚力を使い、効率的に生活をしているのである。その典型的な場面を図で示してみよう。

　すでに前章で扱ったことを思い出していただきたい。2008 年 10 月 25 日の項目の中で書いたトシイエが舟にやってくるルートである。トシイエだけでなくつがいの相手であるオマツも同じようにこのルートで巣から下りて来る。巣から水面までの高さは約 15 メートルである。バタバタ羽ばたくことはない。林の下をくぐり、音もなく、翼を広げて滑空してきて、水

面のところでダイブ<sup>注</sup>するか、そのままカーブして舟に来るかである。詳しくは、前章のその項を見ていただきたい。木々の上を越えてくることもできるが、彼らはそれをしない。私の見方からすると、それでは、舟に下りるために急激なUターン飛行をする必要がある。彼らは自然な慣性と翼の揚力を使い、全く無理のなさそうな滑空を選ぶのである。

　生まれてすぐからずっとこの翼が生み出す揚力を使って彼らは生きている。この行動の仕方は、タマシギの若鳥たちの

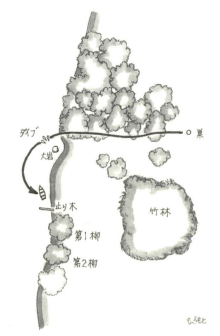

4の①　親は巣から舟に滑空（2008.10.25、8:36a.m.）

第4章　ヤマセミの Signalling（信号行動）

W.U. 同様、ヤマセミたちの "Emotional language" の重要な要素であると同時に自由な「発想」の源となっているのではないか。

注：このダイブという行動が持ち合わせている意味を忘れるわけにはいかない。ここに取り上げた例では、水で体の汚れを洗うことが主な理由であろう。つまり、体を洗いたいという内部の刺激に反応しているのである。直接的反応である可能性がとても高い。しかし、この行動にはいろいろの要素が織り込み済みなのである。

というのは、このダイブは邪魔になる相手に対する威嚇にも使われるのである。例えば、ある時彼ら愛用の水中の足場に一羽のササゴイがきた。いつまでも立ち去る気配がないので、すぐそばのヤナギの木にいたオマツは我慢ができなかったようで、キッ、キッ、キッと間をおいて鳴いていたが、ついにそのササゴイのすぐそばに思いきり大きな音をたてダイブ。そのササゴイは驚いたらしく、体中の羽毛が逆立ったのはなかなかの見ものであった（2009.6.12）。

　このダイブというごく基本的な動作は、このようにまるで別の役割を担うことにもなっているのである。つまり、彼らの "Emotional language" が本来の役割を越えて、別の意志を込めたものとして意図的に使われていると言いたいのだ。ダイブによる大きな音、そして激しく飛び散る水しぶきが相手に与える影響を自覚しており、その威力を相手がはっきりと受け止めることを思い描いているのである。これは内面の強い衝動に直接反応するという枠を越え、自分の意志を相手にはっきりと表明する次元に達していると私が解釈しているものである。

## 実例2　つがいの「舞」

　これは、まことに美しいとしか言いようのない2羽の飛行であった。飛んでいるのは、トシイエとオマツの2羽で、2008年1月31日朝の出来事である。

この年の抱卵開始は4月1日。この地域の元々の標準的な開始日である。だから、それまでにはだいぶん日数があった。

　この年、2羽の折り合いはとてもよく、いざこざも起こらず、毎日彼らは巣に向かいよく働いた。この朝も、トシイエはオマツに10秒遅れただけで、この現場に現れた。到着した2羽は少し離れた位置にいた。トシイエは約20メートル川上の岩の上で、オマツは水中の足場で巣を見上げていたが、同時に飛んだ。そして、このような形でスイーッと音もたてずきれいなカーブを描いて2羽は足場に帰った。それを絵にしてもらったので見てみよう。

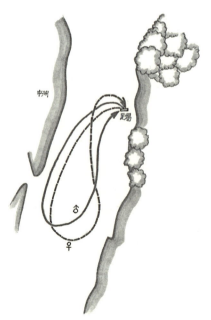

4の②　2羽の舞（2008.1.31、8:20a.m.）

第4章　ヤマセミのSignalling（信号行動）

　せいぜい水面から1メートルのところをずっと水平に飛ぶのである。2羽によるフライトはたくさん見てきたが、これくらい美しく完成し形はめったにない。鳴き声もたてず全く静かに進行した。2羽の飛行はシンクロナイズし、ほとんどの場合飛行の途中で一度交差するのだが、この場合もきれいに交差して飛んだ。翼は水平に伸ばし、冠羽は立て、できるだけ滑空するのだ。川に落ちそうになるのを防ぐため、時にイソシギのように水平に伸ばした翼の先だけ細かく振り動かす。体全体をうまい具合にコントロールしながら、この舞の形を完成させた。周りに敵がいるわけでもない。人間は、250メートル下手の岸辺に座る私だけで、この私を威嚇しているとは思えない。彼らの内面の高揚した感情を開放するための彼ら自身のためのフライトだと私は思った。

　そこで、最初に述べた、生まれ持った滑空とダイブというものが"Emotional language"だとしての話である。いま語っているフライトという形、しかも雄と雌でシンクロするという行動から見て、彼らがこの形を使い毎日のように熱心に演じていることに大きな意味がありそうである。

　2月は例年巣の補修の最終段階である。その前に、このつがいのフライトが増えた。この年このつがいの息はぴったりであったが、いつもの年のように、雌は雄に強くアピールはしていた。つまり巣に向かい巣穴掘りに専心することを求めていた。ただ、そんなに問題はありそうに見えなかったが、2羽がともにこの舞を演じる必要があったようだ。

　別々のところで祈りのポーズをしていた2羽がほとんど間を

置かずに飛び立ち、フライトを始めたこと、フライトが終わると、水中の足場の丸太に並んだことなどを考え合わせると、2羽は巣作りに関しての思いはそんなにずれていない。雄と雌では感じ方、行動の仕方にずれがあるのは自然だ。2羽はズレはズレとして巣作り行動に充足しているように見える。共同で動きを一致させ、更にこのようなフライトを重ねる。それぞれの充足した思いをこのフライトによって増幅できることを知っている。そして、その気分を共有したい思いが背景にあると私は考えた。

　そのフライトを完成することでさらに充足感を得られることを知っていると私は考えているのである。この充足感をお互いが持つことによって、彼らがその気持ちのズレを埋め合わせ、巣づくり活動を先に進めようとしているのではないか。彼らの内面の動きを私はそんな風に解釈するのである。しかし、なぜこんな舞をするのかに対する答えを出すのが難しい。その答えは、しいて言えば次のようになるのではないだろうか。

　つがいの2羽の間の思いがしばしばズレる。その埋め合わせをしているとも言えそうだが、その埋め合わせが、彼らの内面に鬱積していると思えるものを2羽で共有し、解放している。そこで彼等はある種の快感を得ている。この事実をかぎ分けて、彼らは実行に及んでいると私は見ている。

　**それでは、何をこのフライトという形で表現しているのか。それは、なめらかで優雅ともいえる飛行の形、しかもつがいの2羽で演じる飛行の形を生み出して、実際にしばしば2羽で共**

第 4 章　ヤマセミの Signalling（信号行動）

**演しているという自覚、充実感がある故ではないのか。その充実感が、喜びにつながり、更にその感覚を何度も味わおうとするので、頻発するフライトにつながっているように私は解釈している。**

　彼らは毎日のように今述べたお互いの思いのズレを見せている。ズレを見せながら、このような共同作業を美しく演じる。まるで矛盾しているようであるが、朝の彼らの行動全体の中の一つの要素としてみると、それは、やはり根本にある２羽の絆の強さに支えられ、共同作業にかかる喜びを表現していると見るのが私の見方である。

　とても意図的な努力をしながらも、フライトを行う快感のゆえに、彼らは雄と雌の共同作業を続けている。毎年の、そして今年のフライトの数々と前後の振る舞いをずっと見渡すことで、このように私は考えるようになった。

　というのも、トシイエとオマツの気持ちのズレは、この後の実例7で示すように毎日大きくなったり小さくなったりが続いたのである。彼らは、その修正のための努力をずっと続けているように見えるのであった。

## 実例3　巣立ちをひかえた親たちのフライト

　この例は、表現という側面から見ると、先の例より更に彼らの実態がよくわかるものだと思う。

　自分たちの雛が間もなく巣立ちをするという時期、巣立ちの日までの４日間トシイエとオマツは毎日早朝に２羽でシンクロ

ナイズしたフライトを見せたのである。巣立ち頃といえば、巣のすぐ前で大声をあげキャラキャラキャラ……と鳴きながら飛ぶ光景はよく見る。その段階ではその彼らの激しい動きは雛への励ましと感じていたし、確かにそうであろうが、同じ時期のものでありながら、ここで取り上げるフライトはそれとは別種のものである。

巣の前から水面近くまで滑空して下りてきて、そこから全く静かに飛ぶのである。直前の彼ら親たちの激しい鳴き声、騒がしい動きは何だったかと思ってしまうほどに突然親たちの動きが変わるのである。このフライトに初めて出くわした時、私の感受性はまだ彼らの真実を捉えるところまで成熟していなかったことに気づいて反省したものである。

彼らは、雛の巣立ちが迫っていることを感じ取り、その高揚した気分、言い換えると、「喜び」をこのように美しいフライトにして「表現」していると私は思った。先に言ったようにこの行動はまだ巣の中にいる雛たちに向けたものではないのである。

雛たちのいる巣穴から約70メートル離れたところ、河畔林から出た全く何もない川の上で演じられるフライトである。巣穴から覗いたとしても、死角になって見えないところである。それだから、その雛たちへの呼びかけのフライトとは切り離されているのは確かであろう。彼ら親たちの喜びという内面の思いの高まりを目に見える形にして表している。何度考えても、その朝の行動記録を読み返しても、そのようにしか考えられないのである。巣立ちの前日の早朝に彼らが見せたフライトを見てみよう。

第 4 章　ヤマセミの Signalling（信号行動）

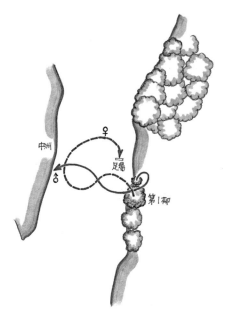

4 の③　親たちのフライト（2009.6.20、6:12a.m.）

　このようなフライトは、2009 年 6 月 18 日から 21 日、巣立ちの日まで続いた。このことは予想できたので、私はできるだけ朝早くから観察に出た。ここでは巣立ちの前の日のフライトを取り上げている。この日、私は朝 4 時 38 分に河原に到着。ハイドに入り間近から彼らを見ることにした。

　6 時 12 分、トシイエがハイドの上をぐるぐる飛び回りだすと、川上側からスイーッとオマツがトシイエのフライトに加わった。いつもの通り交差し水面をかすめるように滑空して大きな円を描いて飛んだ。

このフライトは、巣立ちが間近な雛たちを見て、親たちが単純に興奮しているものではない。大声で鳴きあう単純な大騒ぎは、巣の前を飛び回る行動で発散している。

　このフライトはその行動とは切り離されている。巣から50メートルは離れた水上の足場を中心に、静かに、先の例と同じような滑空を見せたのである。"Emotional language"の枠に入ると思われる単純で直接的な反応から解き放たれた飛行、すみずみまで神経のいきとどいた滑空飛行なのである。

　こんなことができるのは、彼らの内面が生き生きと自由に息づいているからであろう。得意な滑空飛行を通じ、2羽が気分を合わせて喜びの「表現」をするところまで内面を活性化できているからだと私は考えているのである。

　**ヤマセミたちは、眼に見えないものを形にしてみせる能力がある。**

## 実例4　滑空飛行に没頭する

　これはこんな飛び方もあるというもので、そう頻繁にみられるものではない。誰かに向けたものではなく、付近につがいの相手もなく、観察者の私以外に、川辺に人間もいない、そんなとても静かな雰囲気の中に突然始まる。何度見てもそれはその個体自身のためのものとしか思えない。

　思い切り発散しているとまず感じられる飛行である。そして、更に**思い切り自分の滑空能力を試している**。ともかく夢中になっている。あたりに何も注意を払っていない。そんな雰囲

第 4 章　ヤマセミの Signalling（信号行動）

気を醸し出す行動と私には見える。この場合はトシイエだが、川の中心部を低く滑空しながら川上に向かいまた下るフライトであった。まったくの一人舞台である。

　2012 年 11 月 27 日、彼らは秋の活動を始めていた。私は、その日は、試しにいつもより約 50 メートル彼らの活動中心地に近づいていた。つまり、彼らの活動中心から 200 メートルのところである。

　河原に座っていると、トシイエが前方の木からスイーッと下りて、すぐに滑空に入った。ダイブでつなぐ滑空はずっと川上に向かう。観察者の私が邪魔であるなら、釣り人の場合と同様近くを飛び回り目の前でダイブを見せるのであるが、まるでその気配はなかった。滑空に没頭しているのだ。目的は攻撃ではなく、誰かに見せるのでもなく、ただ自分の滑空に没頭していると私には感じられた。

　できる限り水面スレスレを飛び、揚力がなくなってくると先に語ったようにピンと伸ばした翼の先だけをピリピリ震わせ、飛ぶ力を回復させようとする。それもダメになるとジャブンとダイブし、すぐに飛びあがって前進だ。何度かダイブを繰り返して真っすぐ川上に向かい、ずっと自分の活動域の端くらいまで飛んだところで川下に向きなおり同じ滑空を繰り返した。少なく見ても片道 150 メートルは飛んでいる。折り返して同じコースを戻るのである。自分のテリトリーを持っている充足感がそうさせたのか、そこは定かでないが、エネルギーを見事に制御する能力を発揮していた。さし絵その他は、私の『柳林の

4の④　単独のフライト（2012.11.27）

ヤマセミたち』のものである。もう一度お見せしよう（p.133〜136）。

　この時、私以外誰もこのフライトを見ている人はいなかった。つがいの相手も見えなかった。誰かに思いを伝えようとする理由を私は探そうとしたが、駄目であった。この基本となるフライトとダイブの組み合わせは、例えば釣り人を威嚇する時など、その人の周辺を飛び回り、これを見よと言わんばかりに飛び思い切り激しくダイブして見せる。しかし、この時、彼はただただそのフライトに没頭していた。

　このフライトとダイブの組み合わせが、ここのヤマセミたちの"Signalling"の一つだとして、つまり伝達の手段だとして、伝達をする相手はいないのだ。そのフライトは、フライトのためのフライトと言えばよいだろう。そもそもの誰かに伝えるという段階を越えている。滑空をする能力をできる限り試そうと

している。

**　その完成度を高めたいという思いが私にまで伝わる。そして、間に入るダイブも、滑空の限界を超えてしまったマイナス面を補うばかりに派手に行い、しかもそれで滑空全体が途切れるのを防ぐとともに変化をつけて盛り上げる。**

　これは彼らが到達した舞を舞うと言ってもよい行動ではないかと私は考えているのである。ただ飛ぶという動作をここまで美しいものに仕上げる彼らの知力を認めざるを得ないのである。

　彼は、飛ぶために飛んでいる。持ち前の滑空能力を限界まで活用している。わき目もふらず、ただその滑空に集中している。冠羽は立てたままである。前進すると風の抵抗で冠羽が寝ると思いきや、冠羽はぴんと立ったまま、飛行中倒れることがなかった。
　誰に見せるわけではなく、ただ滑空に没頭している姿は、テリトリー宣言の要素が多少あったとしても、この滑空は舞を舞うためのフライトであろう。少し大げさかもしれないが、フライトを始めると、自分の楽しみに我を忘れている。そんな状態に陥るという生き物が本来持つ傾向がそこにある。こんな風に私は感じたのである。

## 実例5　抗議の気分をフライトで「表現」

　この事例は秋遅く起こったことである。ただ、私の太田川で

の経験からすると、今からお示しする行動は毎年繁殖にかかわるヤマセミたちが秋から春にかけてよく見せるものである。

　すでに語ったように、この私の観察地では、つがいは朝早く出現する。川上、たぶん相当川上からやってくるのは、私自身がそちらに出向いて飛んでくる姿を見て分かっている。その途中でいろいろなことが起こるに違いない。大抵つがいのどちらかが早くこの現場に到着する。

　この日は雌のオマツが早く着いた。2008年11月6日朝8時過ぎである。私の方はいつもの通り250メートル・ポイントに座って見ていた。雄のトシイエは少し遅れてやってきたが、オマツのいる止まり木まで来ず、その手前の林に入ってしまった。そこは彼らの休息場所だから、そこにいったん入っても不思議ではない。オマツの方はすでに巣との間を行き来してせわしなく活動していた。しかしトシイエは動かず林に入ったままであった。この雄と雌の行動の仕方のずれが問題になるのである。巣から出てきたオマツはトシイエのいる方にわざわざ出向き、林に入ったがすぐ出てきて、止まり木[注]にとまった。オマツがイライラしているのは、その行動から明らかであった。

注：この止まり木は、もともと最初から彼らが愛用していたもので、ウルシの木が枯れて止まりやすい枝が延び出し、朝彼らがやってきたときにほぼいつもまず止まるところであった。この時はまだこの木は健在だった。
　ついでながら付け足すと、その後このウルシの木が枯れて倒れ、長い間彼らは適当なとまり場所がなくて困っている様子が続いたので、これに代わる止まり木を土手につくってやったのが2014年3月16日だった。もう巣の補修の真っただ中であったが、急いで仕上げた。問題なくすぐに使ってくれた。
　この新しい止まり木が彼らの活動の中心になり、彼らをうまく支えることに

第4章　ヤマセミのSignalling（信号行動）

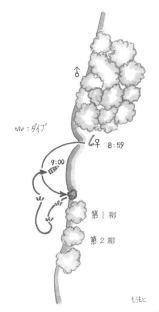

4の⑤　オマツの飛行図（2008.11.6）

なったのは幸いであった。

　これはいつもの光景で、オマツはトシイエに迫って巣の補修に向かわせたくて躍起になっていたのだ。止まり木にとまり一息入れたところでオマツが見せた行動が次の図に示した動きで、約40秒かけてフライトを始めた。つがいの相手が不活発であると、あれこれ刺激して巣に向かわせようとする。特に雌はイライラと雄に迫る頻度が高い。

　繰り返すと、この日、雄のトシイエは一緒に働こうとはしない。オマツが巣に行ってもついてこない。それで休息の林に行

くが、トシイエは出てこない。そこで始まったオマツのこの飛行だ。

それは静かな滑空であり、ダイブも加えてあった。滑空が続かない距離ではないのに、ダイブした。わざと音をたて跳びこんだのである。彼女はこのダイブに相手を驚かす効果があるのを承知している。トシイエは、彼らの休息の林にいて、確実にオマツのその飛行は見えるし、その意味は感じ取っていると思っていいだろう。

この場合の滑空もダイブも日常の必然の枠を越えていた。これを"Emotional language"であるとか、内面の衝動にただ直接的に反応したものと言って済ませられないであろう。巣づくりは、オマツにとってもこのヤマセミという鳥が受け継いできたことであり、その衝動に則って彼らは行動しているが、雄と雌の役割分担がある。つまりヤマセミの場合は、巣の補修は主に雄が担う。その約束事を休みなくこなさず、雄が少しぐずぐずとしていることに雌は強く反応する。

そして、例えば、やかましく鳴きたてる。これは直接的反応から逸脱していて、雌の内部にたまり続ける「うっぷん」が表明されたものであろう。雄の行動がしばしば休息で中断されることを見て、雄がすべきことも想定し、それに対して何をなすべきかと思いめぐらせ、いろいろ選択肢があるのに、この場合はこの様な滑空飛行劇で強くアピールすることになったと考えられる。

それはとてもなめらかで、怒りとかイライラとかとはまるで関係のない美しい動きであった。雄への不満、イライラなど、

第 4 章　ヤマセミの Signalling（信号行動）

内面に鬱積したものがあると思われるが、それとはまったく別種の行動に変化させている。これはもはや表現である。

　次の章でタイトルにその表現という字を使った理由はそこにある。

## 実例 6　もう一つのつがいの語り合い

　ここからは、表情、姿勢による「自己表明」についての例である。

　比較のため、ナリマサとオハルつがいの場合を取り上げてみる。先の例の 6 年後、2014 年 3 月 28 日、土手につくってやった止まり木の上での一場面である。朝 6 時過ぎに私は秘密の小屋に望遠鏡をセットし、その止まり木から 14 メートルの地面に埋めるようにカメラを据え防音を施して彼らを待った。近い距離なのにカメラは遠隔操作にした。細かい動作を望遠鏡でよく見てから撮影するいつもの準備である。

　6 時 53 分、雌のオハルが止まり木に来た。かなり遅れて雄のナリマサが止まり木に来た。7 時 26 分になっていた。オハルはじっと落ち着いているのに、この朝はナリマサが興奮気味で、キッ、キッ、キッとよく鳴いた。この年の抱卵開始まで 2 週間ほどあるという時期である。**例年、そのような時期に雌はとても不活発になる。この朝も、止まり木に止まると、座り込んで動こうとしなかった。**

　ナリマサが止まり木に到着する時に鳴き交わすところから見てみよう。

　繁殖期、巣の前では雄雌ともに高い大声でキャラキャラキャ

4の⑥　朝のやりとり①（2014.3.28、7:26:35:00a.m.）

ラ……と鳴く。それと同じように朝2羽が出会うと鳴き合う。雌は身を乗り出すようにして迎え、雄はまだ飛びながらそれに答えて鳴く。しかし、それだけでオハルは動かなかった。動かないのはこの時期雌によく見る状態である。ナリマサはすぐ川下に向かったがすぐ止まり木に戻った。雌は座り込み、8時2分までこの止まり木を離れなかったのだ。後ろから見る彼女の腹が息づかいのためだろう、プクープクーとふくらみへこむのがよく見えた。

　ただの鳴き合わせだと思う人もあるだろう。ただ、この鳴き方は、私のここでの観察では、巣の入り口近くで鳴き交わす非常に力強く高い大声に共通している。巣作りに携わるということは生得のことであろう。その巣作りのために朝早く2羽はこの止まり木にまずやってくる。多少の時間の隔たりはあっても、ともかくやってくる。2羽そろうと巣穴の補修が始まる。**2羽そろうということが彼らにとってどうしても欠かせない**ように見えた。2羽そろうと、その時点で、2羽の間でのやり取

第4章 ヤマセミの Signalling（信号行動）

りが始まるのである。ただ、その作業へのそれぞれの気分が毎日違うので、「感情」を表す動作、振る舞いも違いを見せることになる。

その違いはあるものの、朝最初の顔合わせでは相手を最大限に受け入れ、鳴き交わすことで、内面の高まりを相手に伝え、相手の反応を見て更に大声をあげるという感情の伝達になっている。

これは、**彼らつがいの間での挨拶であり、繁殖**という仕事をする相手を認識していることを示している。作業にそろって関わることで高まる内面の興奮状態を共有しようとする態度を表している。この鳴き合わせはただの衝動的な叫びを越えているとみてよいであろう。キャラキャラキャラ……と聞こえる大声は繁殖期に際立つもので、特に巣穴の前で鳴き合うなどが典型的である。その鳴き声がこの止まり木でも抑制されることなく響き渡る。2羽で思い切り鳴き合うのであるから、相当な音量である。

挨拶が終わると、すぐに、次の図のように、先の鳴き合わせ

4の⑦　朝のやりとり②（2014.3.28、7:26:35:80a.m.）

を 2 羽で続けた。

　2 羽は立ったまま、大きな声で鳴き交わした。冠羽は立ったままであるが、ナリマサの尾はこの時まだ立っておらず、まともに相手に顔を向けないでただ叫んでいた。高い声とはいえ、普通の喜びの表明、声を張り上げる挨拶である。つまりお互いに意図的に大声であいさつしていると私は見ている。

　しかし、これも 10 秒ほどの間の出来事である。**雌のオハルの方がすぐにペタンと座り込んでしまったのだ。**そこで大声は止んだ。オハルの方が川上の方を向いてしまい、ナリマサの勢いを無視してしまったのである。それは、相手の「巣に早く行け」という思いに従わないことを表明しているように思われる姿であった。

　オハルはどう見てもうるさがっていた。ナリマサはオハルを刺激するも、オハルに反撃されることは避けたいのである。ヤマセミの雄はどれも雌にとても「気を使って」いる。

　**ナリマサの目的は、ただオハルを刺激して巣に向かわせることであると言ってもよいだろう。**それは、連日のこのつがいの

4 の⑧　朝のやりとり③　（2014.3.28、7:26:36:30a.m.）

第 4 章　ヤマセミの Signalling（信号行動）

やりとりから導き出せる彼らの心のありようであった。

　すぐに、**オハルは寝かせていた冠羽を立て、グイッとナリマサの方を向いた**。腹立たしい思いをナリマサに向けたのである。冠羽の形、ナリマサに向けた顔の向きでその内面がはっきりと表明されていると思われる。それが次の図である。**ナリマサの方はグイッと顔をそらせてオハルの反抗の気分をやり過ごしている**と言ってよいだろう。

4の⑨　朝のやりとり④（2014.3.28、7:26:39:70a.m.）

　雌のオハルに反撃されたナリマサは川下に飛んだが、すぐに、川下から飛んで戻ったナリマサは、またオハルに迫った。

　冠羽をたて、体を絞り、尾をピンと立てるようにしてグイッと雌のオハルに迫った。尾を立てるのは、とても興奮した時の様子である。すると**オハルは冠羽をペタリと寝かせ、そっぽを向いたまま**になった。知らん顔というべき姿勢である。それに腹ばいだ。どうしても動かない構えなのだ。この自由な表情の変化はなかなかの見ものであった。このような表情の豊かさ

は、その内面が活発に動き、つがいの相手に細かく反応し、それを体で表明していることを物語っていると私は見るのである。

4の⑩　朝のやりとり⑤（2014.3.28, 7:27:21a.m.）

　繰り返すことになるかもしれないが、もう3月末である。巣の補修はほぼ済んでいるようで、あとはオハルが産卵に向かうだけとみられる。しかし、雌はこの時期とても不活発になる。これはどの雌にもみられることだ。毎日のようにナリマサはオハルに迫り刺激しようとしているが、雌は反応がとても鈍い。

　ただ、そのままでは収まらず、繰り返すと、約1秒後オハルは反撃の姿勢をとり、冠羽を立て、ナリマサの方に向きなおったのだ。それで、ナリマサはそっぽを向いた。雌の反抗の気配をそらす態度とみてよいだろう。これが、この地のヤマセミたちの典型的な生きざまである。

　彼らはこのように微妙な反応をしあっているのだ。「微妙な感情の起伏」とでも呼ぶべきやりとりをしきりにしているのである。

第4章　ヤマセミのSignalling（信号行動）

　このような現実を踏まえてヤマセミという生き物を考えてみるとすれば、"Emotional language"にまつわる理論の枠を鳥たちの目だった行動にあてはめて、後はその他の細かい行動をその理屈で押しなべて説明してしまえば、今例に挙げて説明したような姿勢ににじみ出る内面の動きは埋もれたままになる。鳥といえども我々と同じ生き物である。人間を中心にして、生き物たちを判断してしまう傲慢さを時に振り返ってみるべきではないであろうか。

　私は、彼らのほんの1、2分の間の行動に注目した。雄は迫り、雌は動きたくない「気分」を自分の姿勢、態度ではっきりと表明していた。その気配を中心に彼らは静かに内面の動きをお互いに伝えあっていた。巣作りという生来彼らのすべきことが大枠としてあるとしても、その枠内で個々の個体がその「思い」を姿勢によって相手に伝え、それを見た相手が反応するこの自由で解放された行動に目を見張るのである。「気分」とか「思い」などの言葉をあえて使うほどに彼らは濃密な語り合いをしていたと考えられるのだ。

　1分もしないうちにナリマサはまたも激しい勢いでオハルに突きかかるようにして迫った。
　このようなやりとりを約9分間続けた後、ナリマサはこの止まり木を離れた。オハルの方はそこに残ったまま動かなかった。そこで何するでもなく、ただペタンと腹ばいになりぼんやりと座りこんでいるのである。

約30分してナリマサが止まり木に戻り、今度はオハルも立ち上がった。特に何も荒々しい絡み合いもなく、約4分後にオハルは巣に向かった。彼らは、行動と姿勢、それに顔の向きなどで自分の意思を伝えあう。これらの行動は、伝わりにくいとは思えない。ただ、お互いの気持ちのズレが存在し、お互いにすぐには反応しないと見ている。これでこの朝のごたごた劇は終わったのである。一人取り残されたナリマサは約30分止まり木に立っていた。

　ナリマサは止まり木を離れると、中州に飛んだようで、そちらでキャラキャラ……と鳴きあう声がした。巣を出たオハルとそちらで合流したのである。もう8時半だ。彼らの朝の活動はこの頃一段落し、持ち場を離れた。つまり巣作りに取り掛かる作業の出発点である止まり木を離れ、中州などに行ってしまうことが多い。だから、私は安心して秘密の観察所を出て家に帰った。この日は2時間半ばかり彼らと付き合ったことになる。

## 実例7　足場での雄雌のいさかい

　すでに語ったように、釣り師が普段使っている舟は乾かすために冬場には陸上にあげられる。それでヤマセミたちの止まるところが無くなるのは例年のことであった。それで私は川の中に大きな石を積み上げ、行動の拠点になるような足場を作っていた。これも抵抗なく使ってくれた。
　ここで取り上げるのは、先の例とは反対に、雌が雄に迫るものである。2008年2月10日、その足場の上に置いた太い丸太

## 第4章　ヤマセミのSignalling（信号行動）

の上でのやり取りはとても興味深いものであった。私がつくってやった止まり木は、すぐに彼らの居間のような場所になり、そこでの2羽のやりとりは、ヤマセミの生活、その内面を如実に見せてくれた。ここのヤマセミたちの内面の動きと表明に関心のある私にはとても貴重な展開である。すでに前著（『柳林のヤマセミたち』）で取り扱ったが、もう一度取り上げてみよう。

　2月10日の朝、6時55分にハイドに入った。7時11分にオマツが川上から下ってきて、そのまま足場にとまった。約20秒したところでトシイエが到着。足場にとまり、2羽は足場の丸太の両端にとまることになった。いつもの光景である。それからちょうど10分間オマツは土手に作ってある止まり木とこの足場を何度も往復し、足場では、トシイエににじりよるように迫っては離れるなどイライラした気ぜわしさを示していた。

　この時期、どの雌も巣作りに対する欲求が高まっていて、雄がじっとしていると巣に向かうよう急き立てる。巣作りへの欲求は、生来雌が強く受け継いできたものであるとしても、この急き立て、時には離れて鳴きたてるなど、その個体が自分で選んで行動をしているのである。毎年この時期に見せる雌たち共通の行動、雄を急き立てる様子は、様々に変化していて、その時々での雌の気分、言い換えると心のありようを映し出していると私には見える。その時のお互いの位置、雌が少し離れた林にいて、雄がぼんやりと水中の足場に立っている状況などでは雌がうるさく鳴く。或いは、足場の丸太にやってきてそこで雄に迫るなどずっと雄のトシイエにつきまとい、うるさく要求していたと私には見えた。

4の⑪　丸太で雌が迫る（2008.2.10, 7:21a.m.）

　相手の状態を想定して行動しながら、その雌の行動の度合いが行き過ぎたらしい場合の展開をお見せすることになる。それぞれの気分の変化の大きさ、そしてその気分に対してつがいの相手が示す行動が毎日微妙に違うことなど、彼らの内面の動きの自由な広がり、その自由な表明、そして、相手の反応のあり様は、観察する私を驚嘆させるものであった。

　オマツは足場に立ち巣のほうを向いてキッキッキッ……と大声を出す。すっくと立っている。一方のトシイエはそれに応えるように鳴くが小声だ。その声の大きさの目立った差は、トシイエが反応したくないという気分を表明していると私は考えた。

　これなど、トシイエの苦しい胸の内を語るものであろう。答えるべきなのはわかっている。しかし、反応したくない。祈りのポーズをして巣作りに向かう形はとっているが、現実には動きたくないのだ。これは私の想像というものではない。というのは、毎日の彼らのやりとりを間近に見ていると、トシイエの体の動き、表情の一つ一つに彼の本音が凝縮されていると理解

第 4 章　ヤマセミの Signalling（信号行動）

できるし、つがいの相手オマツに的確な反応を引き出していると信じるに至った。

　川下に飛んで行っていたオマツは、約 40 分してこの足場に帰った。そして次に起こった出来事が次の図になる。その時期、巣作り中のつがいが、お互いの思いをぶつけあう時の「感情の爆発」である。

　巣の方に行って大声で鳴いていたオマツがまた丸太の上に戻った。トシイエはそれに応じて大声で鳴いたが、すぐそばにとまったオマツに「腹が立った」らしい。飛び上がると、オマツの上でホバリングしながら、オマツの頭をつついた。

　オマツの飛び回るさま、丸太に戻るとにじり寄る態度など、

4 の⑫　トシイエが怒る（2008.2.10、8:16a.m.）

「うるさい」に違いない。よほど「腹立たしかった」のだろう、この図のような行動に出たのである。この怒りの表明は、この日だけではなかったことをつけ加えておこう。オマツの内面では、何か巣作りに対する執着の度合いがとても高まっていた。しかし、それにトシイエは同調していなかったのである。

　つがいの2羽が、それぞれの思いの大きなズレを表明しあうと、どのようなことが起こるか。その生のあり様はこんなものだという一例である。

　その、特に雌の行動は、単に生得のものと言って済ませてよいだろうか。遺伝的に受け継いだ身の処し方というべきものに閉じ込めておいていいとは言えないのではないか。オマツのくどいくらいのアピールは生々しい抗議する姿であった。「くどい」というのは、そこにオマツの強い意志がとめどなく表明されているとみるからである。雄の方の動きも自由な自然の怒りの爆発、我々人間とも共通する自由で自然な行動といっても言い過ぎではないだろう。

## 実例8　雄が魚をプレゼントする

　このプレゼントといわれる行動も、ここでは雄の雌に対するものに限る。沢山の例を見てきた私の意見ではあるが、普通のプレゼントという言葉の意味するところ、相手に何かを贈るという要素は、ヤマセミの場合、かなり希薄だということになる。それは、むしろ別の目的を達成するための道具として使われているらしいのである。この太田川のこの私の観察場所で見た例で、魚を雌にさしだす喜びがそこにあると断言できるもの

第4章　ヤマセミの Signalling（信号行動）

は極めてまれであった。

　特にここでは、不活発な雌を刺激し、その不活発な状況から引き出し巣作りに参加させようとする雄の姿が目立った。これはこの時期の雄に目立つ行動と考えるべきであると私は考えるようになってきた。その典型的なものをお示ししよう。

　3月中旬を越えると、雌はとても不活発になることはすでに語った。それとは反対に、雄は巣作りに執着しだす。それは、雌とは逆に何度も巣に向かうことに現れている。

　ただその日、2羽は盛んにこの川の中の足場の近くを飛び回っていたが、巣に向かう様子がない。しばらくして、トシイエは魚をくわえたまま足場の岩の上に下りてきた。トシイエは

4の⑬　雄がプレゼント（2011.3.12、9:00a.m.）

魚をくわえたまましゃんと立って、微動もしなくなった。足場は見ての通りガタガタだ。増水のため大きな石積みの上に置いておいた丸太は流され、それを支えていた石組も乱れていた。それで、このプレゼント劇も一層変化に富んだものとなった。

　この劇の一コマを、時間をおってたどってみよう。足場に立って魚をくわえたまま銅像のように突っ立つトシイエの姿は、オマツが休む休息の林からはよく見える。そこからオマツは足場に向かって飛んできた。そして、

　　9:00:00:59　　オマツは足場の端にとりつく。必死にトシイエの方に向かおうとするが、転がる石でうまく進めない。
　　9:00:00:60　　オマツは石にけつまづき、倒れるが、立ち上がって翼をあげバランスをとっていた。トシイエは、魚を渡そうとする気配すらない。
　　9:01:00:40　　オマツはトシイエのくわえている魚に食らいつく。しかし、トシイエは魚を離さない。しばらく引っ張り合っていた。
　　9:01:01:10　　とうとうオマツは魚をもぎ取った。すぐに魚を飲み込み、オマツは川の方を向いて鳴く。

　全くそっけない魚の受け渡しであった。そして、2羽とも動くこともなく、声も出さず、間もなくオマツは中州の方角に飛んだ。一方トシイエは足場の上で約8分経っても巣の方に、つ

## 第4章　ヤマセミの Signalling（信号行動）

まりオマツが飛んだ中州とは逆の方に、向いて立っていた。トシイエの努力はその時点では効果を発揮せず、空振りに終わったようであった。オマツは中州の方に行ったままである。ただ時々川面を飛ぶ気配だけはあった。

　このプレゼントの受け渡しが相当面白かった。トシイエは「さあ取れ」とばかりに構えていて離そうとしない。オマツは食いついてそれを「もぎ取る」のである。これはプレゼントと呼ぶにはお互いの感情の高まりが不足していた。両者の「喜び」の感情などどこにもないのである。

**オマツを刺激し、暗闇から引き出すように、雌のオマツの内面を奮い立たせようとしていると私は見ている。プレゼントの魚は道具であり、相手の内面を想定しながら、この場合は巣に向かわせることに向かって魚を刺激剤として利用している。彼の内面の複雑な働きを、このテコでも動かないような立ち姿が表わしていた。想像しすぎとは思っていない。**

　この太田川のヤマセミたちについて、ここまでその生きざまを語ってきた。この章では、主にヤマセミの内面の動きの広がり、自由さについて自分なりに解釈を進めた。内面となると見えないものだ。だから、私はただ見る、見続けることに没頭した。その先に何かが見えると思った。彼らの行動の数々が重なり合って、それらが私に語りかけてきた。私は、それは彼らの真実だと信じている。

　人間のような言葉が彼らにはないとはいえ、彼らは十分に語っている。語り合っている。数々のヤマセミたちの行動を見

てきた結果、それは表現と呼んでもよいと考えるに至った。彼らの言葉である一つ一つの行動を、ただ、"Emotional language"の中に閉じ込めておくのは彼らの自然にそぐわない。彼らは自らを開放しようとしている。我々の方も従来の思考の枠から自らを開放すべきではないだろうか。彼らも考えていると認めてはどうかと思う。

　ここで私は立ち止まる。この彼らの内面にあると私が考える命の動きをどう表現したらよいのかという問題である。それをTinbergenは"drive"（衝動）と言ったりする。私も、何度も「思い」、などと呼んでみた。本当は「心」と言いたいのだけれど、考えてみれば、その言葉は人間が自らの事情を表明したものであると思う。人間の場合でも心は説明しにくい。私の心は揺れるのである。

　心というものは人間のものだとしても、とても曖昧で、実は捉えどころがない。他の生き物に当てはめて考えてもいよいよ曖昧に響く。

　**けれども、そのあいまいなものにヤマセミたちは目に見える形を与えて生活しているように思った。そして、つがい同士が抵抗しあいながらも何とか歩調を合わせて、お互いの思いをすり合わせ表現していた。ここにあげた実例はわずかなものであるが、それを生み出す「心」の働きを示すには十分であると私は信じている。**

# 第5章
# 鳥たちは「表現」する

　タマシギにしてもヤマセミにしても、私は、できる限り彼らによりそってその内なる声を感じてみることを重ねたと言ったらよいだろう。毎日のように彼らに出会った。彼らの心はその働きに応じ、その姿勢に、その動きに表れているように見えた。その様子を何度も見、感じ、考えたのである。ヤマセミの場合、主に早朝、河原の石の腰掛に座ってじっと見た。

　私は人間だから、ヤマセミたちが人間であるかのようにみなしてしまっているのではないかと思い続けた。しかし、どう見ても私が解釈をおしつけているとは思えなかった。彼らは彼らの声、姿勢、表情で非常にうまく語り合っているのだ。それは前章で取り上げた実例の数々がおのずから語っているであろう。
　それでも私が擬人化していると考える人もいるだろう。それは、その人々は、鳥たちに意思があるなどとんでもないと思っているからであろう。他の生き物が人間同様に何とか工夫しながらつがいの相手などと意思を通じ合っているとは思えないのである。それらの人々はどこかで自分の理解の仕方に疑問を持ちながらも、生き物は機械のようなものであるという捉え方を受け入れている。それ以上には踏み込んで想像したりしないのではないか。

その方が人間は楽である。我々は人間中心主義で押し通してきた。しかし、それでよいのか。その主義を押し通して、地球のバランスは引っ込んでしまったようである。そろそろその西洋的な発想のしかたに終止符を打つべきだろう。

　西洋の人ではあるが、イギリスのある詩人が100年以上前その詩の中で反省気味に言ったではないか。「イライラと追い求めるな。ただ、懸命に心を開いていると、心の糧となるものが与えられる。だから、古ぼけた石に腰掛けぼんやりと時を過ごそう。」と詩の中で語りかける。そこで用いられるのが、"in a wise passiveness"注という表現だ。つまり謙虚に心を開いてじっと待つしかないと語るのだ。この言葉は、もう訳すことはないだろう。瞑想のような、人間中心主義の衣を脱いだ状態のことである。

注：Wordsworthの'Expostulation and Reply'という詩の中のフレーズ。この詩は、*Understanding Poetry*という詩歌集に入っているものである。先にも語ったように、私はこれを真似て石の腰掛に座っていたのではない。

　しかし、我々はそこに表現されている謙虚さを蹴散らし踏み越えてきたではないか。我々はなんでも分析し、ばらばらにしてしまいがちだ。専門家たちも同様である。謙虚さ、情緒といった要素は避けがちである。先の章でチョウゲンボウを語った際に引き合いに出したサンテクジュペリの"tame"も同じことを扱っていると思えばよいだろう。

　その"tame"な状態に身を置きながら（と自分では信じている）鳥の身になって身近に接し、その内面に思いをはせて語っ

てきた。擬人化していると反発されるのは分かっているが、鳥の「心」などという言葉をさかんに使ったのは、その"tame"な状態の延長線上に私がいると思っているからである。

ここまで、私は"Signalling"という話題に焦点を当ててきたが、それでもまだ積み残してきたことがある。それに触れることにしよう。

前著『柳林のヤマセミたち』では、様々な例を取り上げるだけに終わったかもしれない。何ら自分の信じることを率直に語っていないのではないかと思うようになってきた。もう少し彼らヤマセミたちの内面のこと、「心」の動きが語りかける声に耳を傾け、彼らの実像と思えるものを浮き彫りにしてみたい。

この章でまず取り上げる彼らの「ダイブ」（水に飛び込む行動）には、全体として表面化する三つの側面があるように見える。例えば、若鳥がダイブするところを見たとしよう。それは生来彼らが持っている単純な衝動的行動のように見える。しかし、じっとその行動を見守ると、さらに他の場面での行動例も切り離しがたくなる。次に取り上げるあと２つの要素ももともとそのダイブする若鳥の行動の中に内蔵されている、それが時に応じ、必要に従い活用されていると見るのが生き物の自然というものではないか。次に実例を示しながらこの解釈の流れを説明してみよう。

ダイブに内蔵された三つの要素
　１）衝動的な側面 ――――― ダイブすること。それに伴い水

　　　　　　　　　　中から物をとってくる
2）遊びの側面 ———————— とってきた葉っぱをもてあそぶ
3）現実の言葉の側面 —— 拾いあげたものを道具にする

　このようにそれぞれの行動に強く表れていると思われる側面に注意深い目を向けてきた。そうすることで、多少でも鳥たちの声、姿勢に情緒的言語の働きという限界を初めからもうけることは避けられ、そこに変化にとんだ内面の働きを見出す可能性が広がると考えたわけである。始めてみよう。

## 1）水中にあるものを拾ってくる

　これは、どうにも抑えきれない「衝動」にかられた行動と思われる。すでに前著で引用した（p.103）が、もう一度その記録を読みかえし、その時の状況をかみしめ、考えを整理してみた。その記録の一部を取り上げてみよう。

　その朝、ヤマセミの親は若鳥たちを活動中心地すぐ近くの水路に避難させていた。その若鳥の1羽、巣立ち後17日目の行動である。浅い流れにある岩の上にその若鳥はいた。川岸を歩いている私が見えないかの如く夢中になって水の中にダイブし始めた。私は草むらに潜みそっと見ることにした。

若鳥のダイブ（2005.6.17）
9:24a.m.　　若鳥は水の中をのぞいていたがダイブ。
9:25　　　　また飛び込む。笹の葉をくわえて戻った。上を向き、その葉をくわえ直したりしていたが、落とす。今度は自分の立っている岩の上に生えている草を引

# 第5章　鳥たちは「表現」する

5の①　若鳥のダイブ（2005.6.17）

きむしろうとする。

9:26　飛び込む。赤くなったヤナギの葉らしきものをくわえて戻った。間をおいてまた飛び込み、小さく丸っこい葉っぱをくわえてきた。のけぞるようにしてその葉をくわえ直す動作を繰りかえす。

9:27　今度は30センチばかりの木の枝だ。くわえ直し、一方の端をくわえては、何度も足元の岩に打ち付けるしぐさをする。それが終わるとまた飛び込み、黒い木の実（ヤシャブシの実らしい）をくわえて戻り、振り回していたら遠くへ飛んでしまった。

9:28　岩の上を歩き回り水の中をのぞき込む。飛び込んで短い木の枝をくわえて上がってきた。

| 9:29 | 飛び込む。木の実をくわえて戻り、ふり回し落としてしまう。 |

　ここで、若鳥のやけっぱちに見える乱暴な行動は終わった。丁度5分間でおさまった。やみくもに飛び込む、水中から何かをくわえて戻る、それをふり回し、岩にも打ち付けるなど、この個体が受け継いでいる生得の行動があふれ出たようである。これは、"emotional language"と呼ぶのがふさわしいと言ってよいかもしれない。ただよく見てみよう。この若鳥の行動には、生き物が持ち合わせている様々な思いがあふれ出ているのではないか。

　この若鳥は、まだ魚を自分で捕ったことはないだろう。しかし、それに通じる動作をはっきり示していた。生来持ち合わせている直接的反応である。実は、それに隠れるようにあるのは、この個体の乱暴に見える行動の存在である。

　繰り返し何でも水底にあるものを拾ってきて、ふり回す。それは、わけもわからずこみあげてくる「衝動」に反応しながら、そこに、人間でいえば乱暴に体を動かし感じられる「開放感」がにじみ出ているのではないか。岩の上に生えて草をもぎ取ろうとするさまは、そうすることで衝動を開放する一種の快感を得ていたであろうと私は想像するのである。「爽快な気分」といったものをここで持ち出してもいいのではないか。

　それが次に見てみる側面である。開放に伴う爽快な気分は、生き物に共通のものではないであろうか。

第 5 章　鳥たちは「表現」する

## 2）文字通り遊びにしてしまう

　これも若鳥の行動である。巣立ち後 28 日目、まだ彼らは親から魚をもらうのを期待している様子であった。この日、私が秘密の隠れ場所に入ったのは朝 5 時 21 分。若鳥が止まり木に来たのが 6 時 20 分。下の水面をのぞいては飛び込みだした。水深は 30 センチばかりのところに何度も何度も飛び込む。そこに魚がいるとは思えないところである。この若鳥は、そのダイブが楽しくてしょうがないとしか言えないほど、しきりにダイブした。生き物は爽快な気分を得られなければ、言い換えると楽しい気分にならない限り、同じ行動を繰り返すことはないと私は解釈した場面であった。

　夢中になっているその時の記録を、観察記録から引用してみよう（p.100 〜 102）。

若鳥のダイブ（2014.7.5）
6:24a.m.　　細い草の茎を拾って止まり木に上がり、その草をも

5の②　若鳥が葉っぱで遊ぶ（2014.7.5）

　　　　　　てあそんだ。
6:25a.m.　ここで、絵にあるように緑の葉をくわえて戻り、くわえ直し、振り回し、放り上げて遊んでから下に落とした。この行動は5分間続いて終わった。

　この5分間というのは、これまで2回しか目撃できていないが、興味深い。この時間が生得の衝動への反応が続く時間らしい。この時の若鳥の行動は、生得の衝動への直接的反応であり、その衝動への反応が終わると、つまり爽快な気分になったところで、拾いあげてきたもので**遊ぶ**行動が出現する。**遊びの要素**が特別に取り出されることになったとみられる。

　この若鳥は、葉っぱを投げ上げ、受けとめ、つかみ直して、また投げ上げていた。実用となる部分、つまり魚を食べるための準備動作は省かれ、一種の遊びの要素が濃厚な動きになっていたと考えている。

　その行動は、そこに生きている喜びが目に見える形になって現れているように見えた。この喜びを繰り返すことで、その行動はだんだんと遊びという「形」をとり始めていたと見た。遊びの形が発現していると私が悟った瞬間であった。鳥たちは、"Emotional language"に突き動かされながらも、そこから解放された「表現」の世界に進む可能性を持ち合わせているとここで言いたいのである。

　解放するといったが、これは重要なことであると思う。生得的行動、つまり直接的反応に導かれて行動するうちに、そのことが楽しいという手ごたえをもたらすようになる。この楽しいという感覚を求めてその行動を繰り返すうちに、その楽しみは

## 第5章 鳥たちは「表現」する

増大し、行動そのものが目的になり、その楽しいという快感が彼の生得の行動、魚を捕って戻る行動から、彼を開放している。遊びになっている。この場合は拾ってきた葉っぱを放り上げ、裏返し、突き上げるなどしてもてあそぶようになる。これが、先に示したさし絵の場面を見ながら考えたことであった。

この文章を書きながら、昔読んだ本 *Ancient Art and Ritual* を思い出した。その中で、著者、Jane Harrison は人間も、狩りで獲物を捕らえた時、その喜びをずっと味わい続けたいので、次第に、例えばアイヌはクマ祭りなどをするようになったと言う（p.92～99）。つまり、喜びがもとになって、喜びのもとになる行動を続けているうちに、決まった行動の形ができ、それが祭りなど、文化と言えるような様式の発生になるというのである。この考え方にその昔感動したのを思い出す。

**ヤマセミが文化を生むとは言わないが、「喜び」がもとになり、ある行動の「形」が生み出される可能性を感じるのである。様々な要素が混在していると思われるいわゆる「情緒的言語」の中から遊びの言語が生まれる可能性も大いにあると私は信じている。**

ここでは省いているが、ここのヤマセミたちの親たちもこの遊びとみられる行動はする。この行動の習慣は群れ全体が共有しているのである。

### 3）現実の言葉

実際に水中から魚を捕らえてきて、それを食べるのでなく別の目的のために使う場合、例えばつがいの相手にさしだしア

ピールすることもあるが、ここでははじめから、目的をもって木片をくわえてきて相手に迫る例を取り上げておこう。そのとき2羽の関心の中心にあると思われる巣穴から木片をはこび、それを相手に見せびらかすようにさしだす。

　自分の思いをその木片を使って相手に伝えようとする実例である。木片は彼らの言葉として有効な働きをしているのである。

　雄のトシイエに対する雌のオマツのふるまいには何度も触れているが、ここでは、別のつがいにも触れておこう。次の例はオハルがナリマサに木片をくわえてにじり寄る行動である。2016年3月8日のこと、彼らは巣の補修に向かう日々を送っていた。彼らの巣に対する思いは高まっているに違いなかったが、この朝は少し事情があるようであった。いつものように、2羽が巣の方に向かって丸太の上での「祈りのポーズ」はしない。このポーズは、すでに何度も触れたと思うが、この場合は

5の③　のけぞるナリマサ（2016.3.8）

## 第5章 鳥たちは「表現」する

水中の足場に2羽が立ち、じっと動かずに巣の方を見上げる行動である。

この一緒に同じように行動することが重要なようである。例えば、2羽そろわないと巣の補修が始められない。朝、雌がこの現場に早く来ても、雄がやってこない時、雌がしきりにその来るべき方向にちょっと飛んでは帰ってくるのをしばしば見る。これは、その時の雌の心の内、雄に早く来てほしいという「気持ち」をよく表している行動であろう。

私は、この日は暗いうちからハイドに入っていた。目の前にある丸太も何も見えない頃だ。朝6時58分、彼らは川上からやってきた。それから30分は2羽とも飛び回った。何か両者の気分が同調しないらしい。その気配が濃厚であった。その後もナリマサは丸太の左端に立ってあらぬ方を向くばかりである。オハルは丸太の上でキッ、キッ、キッと鳴くがナリマサは反応しない。ナリマサはその朝働きたくなかったらしいのだ。

しきりに巣とこの丸太を行ったり来たりしていたオハルであるが、丸太に戻ったのを見ると木片をくわえている。巣から持ち出したばかりで泥がその木片についていた。丸太の上にのったオハルは木片をくわえておずおずとナリマサににじり寄るが、ナリマサはそっぽを向いたままであった。

グイッと立ち上がった時にオハルはその木片を落としてしまったが、すぐにオハルはナリマサの横腹を小突く動作をした。ナリマサはのけぞっているが、オハルのアピールは相当効果があったに違いない。すぐにナリマサは巣に飛んだ。詳しくは、前著pp.108〜109を読んでいただきたい。

巣からわざわざ木片をくわえてくるという行為は、オハルからすれば、巣に属していたものを持ってきてそれをナリマサに見せつけ、ついにはそれでナリマサをつつくのである。オハルの内面では巣とナリマサを結び付けている。その思いをナリマサに行動で伝えたのである。ナリマサがすぐ巣に飛んだのは、そのオハルの思いが伝わったとみてよいだろう。

　ダイブして水の中から物をくわえてくるという生得の行動がある。この行動を情緒的言語だと解釈して話は進んでいる。ただ、この場合のくわえてきたものを道具として使うという行動は、その情緒的言語の枠の中にとどまっていない。

　今例に挙げたオハルの場合など、そもそもの初めから、何をすべきか認識している。巣穴の中で土の中から取り出した木片をすぐさまナリマサのいる丸太にくわえてき、それで相手にアピールする。道具を使って意思を伝えようとしているのである。その他、魚を水中からとってきてそれで相手に迫る場合にも共通すると考えられる。それらもヤマセミの"emotional language"だとすると、オハルの木片を運ぶ行動も直接的言語に過ぎないことになる。

　比較のために、オマツの同様の行動を前著から引用してみよう。動かないトシイエがいる丸太の側にオマツはダイブした。怒りを表明するためにダイブすることがあるのである。ダイブするという怒りの行動がすぐ後の魚を差し出す行為を裏で支えている。怒りと魚をそっとさしだすとてもけなげな行動が折り重なっているのに、そのオマツの行動はただのEmotional languageに閉じ込められてしまいかねない。しかし、そのま

ま放っておくわけにはいかないのである。（詳細は、前著 p.78 を読んでいただきたい。）

　**更にタマシギの場合も振り返っておこう。F田雌は地面に転がっていた短いわら屑をくわえ、つがいの雄を振り返った。それに雄はすぐ反応し、雌のいた場所に歩いていき巣作りの態勢に入ったのである。これも、巣をつくるために水中のわら屑を拾い上げる行動、つまり emotional language が転用され、言語としての役割を担うようになった例ではないか。**

　ヤマセミとタマシギでは状況は違うが、共通するのは、鳥たちがくわえたものを道具にしていることである。人間のような言語を持たない鳥たちは、木片、或いは魚といったものを道具にして使い、自分の意思を伝えあっているのである。

　彼らの emotional language がすべての源であり、その中にこそ鳥たちの真実があると言いたいのである。彼らのこの language は可能性を秘めていると言えばよいのだろう。彼らはその中からその場その場の必要に応じた形を取り出して目に見える形にしている。そしてそれは、相手、つまり仲間にも通じる言語になっている様子が、先に挙げたオハルの例から見えてくると言えるだろう。

## 性格の違いがもたらす行動の違い

　ここでは、ヤマセミの二組のつがいを比較してみよう。トシイエとオマツ、それに、その後を継いだナリマサとオハルのつがいが見せたそれぞれの性格の違いである。彼らの行動域をイ

メージにして頭に思い描くために、ちよっと戻って4章の①図を参考にしていただきたい。

　トシイエとオマツのつがいについては、すでに、いかに雄のトシイエがオマツに気を使っているか語ってきた。彼は用心深すぎるところがあり、オマツは自分の都合を優先するところがあった。
　そんな彼らは、2005年ころからこの絵の上部（川上側）に隠れるように生活していた。少し川が陸側に入り込んで小さな崖ができていて、安心できそうな雰囲気を作り出しているところだ。岸が岩盤になっていて、その上に常緑樹林がびっしりと生えている。その岩盤沿いの水辺にちょっとした入り江がありそこに漁のための舟が一艘いつもつないであった。
　ヤマセミたちは、朝、川上より現れるとその入り江のすぐ手前の、常緑樹の林に立ち寄り、一本の木の大枝にとまるか、もうちょっと進んで大岩に一時羽を休めるかであった。そして巣から出た時も一度大岩にとまることが多かった。ただ、その大岩は、止まり木のある地面より3メートルも下にあるから、彼らは巣から出てすぐに急なブレーキをかけて岩に下りることになる。
　若鳥たちの世話もその岩を中心に行っていたのを見て、とても窮屈な生活だなと私は感じていた。

**イ）雌のオマツが新しいことを始めた**
　そんなつがいに変化が起こったのは、2008年5月25日のことだった。彼らが巣に入る回数はそれまで朝5時半から7時ま

第5章　鳥たちは「表現」する

でに平均4回であったのに、この日はただの1回である。この日まで私は、これまでお話しした250メートル地点から観察していたが、この朝は、ちょっと増水したので、腰かけ石を約5メートル下手の少し高い所に移して観察を続けていた。

　朝5時39分、オマツは巣を出て滑空し、驚いたことに川面に出ると大きくカーブを描き下手のもう一艘の舟にとまった。開けたところにつないである舟で、この後様々なことがその舟で起こった。彼らの生活の中心となり、つがいが細かいやりとりを見せる舞台となる場所である。
　その舟からすぐそばの水の中にオマツは2度ダイブし、羽根繕い。また何度もダイブしては、舟に止まり巣の方を見上げる。合計3分そこにいた後川下に飛んだ。雌はそこでくつろいでいるのだ。
　もっと詳しく説明すると、オマツは、前の年の11月だから、巣の補修を始めるころからこの船を時々使っていた。しかし、**この日のように舟の上からダイブしたり、くつろいだりするなど、巣を出てからの一連のルートとダイブの組み合わせを編み出し展開して見せたのは初めてで、開発者はオマツであった。**

　雄のトシイエは、この船に来たことは一度見たが、ただちょっと止っただけだった。そこでくつろぐ様子は全くなかった。トシイエは川に出たところの大岩に執着しているようであった。一方オマツの方は、舟の上で魚を食ったり、羽繕いをしたりくつろいでいる。

その舟はずいぶん開放的な空間にうかんでいて、どこからでも見えてしまう。そんなに開放的な場所に出てくるなど、私はその変化に驚いていた。彼らの生活上の事情からすれば、**後3日で彼らの雛が巣立つ予定なのである。オマツは、とても高揚した、一種の達成感に満ち溢れた気分、言ってみれば喜びにあふれたまま、この1週間を過ごしているところであったと私は解釈した。生き物が何かの変化を生むには、このような「喜びの気持ち」を発散する舞台が要るようである。**

　その開放的な、爽快感にあふれた仕草を私はじっと見守っていた。

**ロ）トシイエがオマツにならった**

　あんなに用心深いトシイエがとうとうオマツの舟での活動を取り入れた。つまり真似たのである。しかし、それはずいぶん時間がたってからである。その年の繁殖も終わり、例年通り夏の間ヤマセミたちはこの現場から姿を消していた。つまり5か月もたったその秋になって、次の年のための巣穴補修が始まった時に初めてトシイエは舟に下りた。2008年の10月15日になっていた。そこで魚まで食べた。その時の記録を少し引用してみよう。

10月15日

7:26a.m.　　第一ヤナギのすぐ下のハイドに私はいた。そのすぐ脇の小さなヤナギにどちらかがいるのは分かっていた。

7:42　　　　そこにトシイエが飛んできて舟にとまった。魚をく

第5章 鳥たちは「表現」する

わえている。小型のナマズのような魚だ。よくよく打ち付けてから彼は食べた。それから何度も舟からダイブ。

7:44　　またダイブして上手の茂みに入った。

　これはトシイエが舟を使った記録だ。つまり開放的なところにある船を使うようになったのである。つがいの雌オマツの習慣を彼は取り入れたとみてよいであろう。しかも、ずいぶん時間がたっている。約5か月、彼はこのオマツの習慣を覚えていたことになる。この習慣を取り入れ、巣から下りてきて大きく円を描き舟に来てダイブするという一連の動きはこのつがい共通の習慣になって定着した。

### ハ) トシイエは小石を運び始めた

　トシイエの舟までの滑空飛行は定着した。ここで、実は全く

5の④　トシイエが小石を運ぶ（2008.10.25）

新しいことが始まったのである。滑空飛行に小石運びが結びついた。もちろんこれを始めたのはどちらか分からないが、巣の補修の仕事は主に雄のトシイエが受け持つので、トシイエが始めたとしてもおかしくない。

　事の始まりはこの年2008年10月15日のことであった。その日、舟の中に小石が一つ落ちていた。その後トシイエが運ぶ姿が目立っていたのである。その姿は図5-④に示した通りである。

　振り返って、オマツが舟で過ごすようになったのは、後3日で雛たちが巣立つという時だった。秋になってトシイエがオマツの習慣を共有したのが、巣の補修にかかったばかりのころである。共通して、人間の状態にたとえれば、気分が高揚した時と言えばいいだろう。

　私はこれを見て考えた。**ヤマセミが新しい行動の形を生み出すには喜び（生命が満ち溢れている充実感）が必要なようだ。うまく雌のオマツの行動に同調しながら、その喜びに背中を押されるようにしてトシイエは小石運びという行動を生み出したと私は見た。** 更に、その小石が舟の底に落ちていくコロコロという音を楽しむこともしていたのではないかと想像している。舟の側面の板は、小石を転がすと乾いたいい音をたてるのである。

　彼らはただ機械的に巣穴を掘るという生得の行動をしながらも、その時に出る小石を偶々運んで舟に下りてきた。その石を舟になかに落としたら乾いたいい音がしたという経験をしたと想像してみた。そこに喜びを見出して、それを追求するかのよ

うに、巣穴の中で掘り出した小石をくわえて舟に運んでいた、そしてその石をころころと船底まで転がしていたと私には見えるのである[注]。

注：この最初の小石運びから抱卵の始まる時期まで、舟に運んだ小石は、合計で750グラム。詳細は、『柳林のヤマセミたち』p.112 を参照していただきたい。

## ナリマサとオハルの場合

次に、ナリマサとオハルの場合を見てみよう。彼らはトシイエのつがいとは違い、初めは、巣から出て滑空して下りて来ると、ぐいとブレーキをかけ高度を下げた。土手のすぐ下にある大きな岩を足場にしていたからである。魚もそこに運んできて食べていた。トシイエとオマツが使っていた下手の開放的なところにある舟を使わないのだ。

つがいが違うと、環境の使い方も違ってくる。その典型であったが、それだけではなかった。しばらくすると、また別の行動を付け足すようになったのである。私の解釈では、先に語った行動、巣から滑空して川面に出ていってダイブし体を洗う、その一連の行動が途切れてしまっていた。彼らは、滑空をする快感、それに巣に入ってきて汚れた体を洗う快感、これらをのびのびと行う機会を失っていたと私は解釈している。ところが、その機会をとりかえすかのようにナリマサが別の形の滑空を始めた。そしてもっと滑空の距離を伸ばしたのである。

## ナリマサが新しいことを始めた

　ここの縄張りの新たな主となったナリマサのつがいは、ここでの初めての繁殖にかかっていた。すでに魚を巣に運んでいて、この朝は、6時10分から2時間の間に3回魚を運んだ。これがこの現場では魚を巣に運ぶおおよそ平均的な回数である。2013年5月20日のことであった。

　この日私は、いつものとおり遠く300メートル地点に座り見守っていた。朝5時16分からじっと見ていた。

　朝7時15分になった。ナリマサは巣から出ると川の中央部

5の⑤　杭を使い始めたナリマサ（2013.5.20）

第5章　鳥たちは「表現」する

まで滑空していきそこでダイブ。次に杭まで飛ぶと[注]、6回続けざまに杭からダイブした。流れがあるから、潜っている間に流される。浮き上がると杭まで飛んで戻る必要があった。流れに逆らって水の中から飛び出し杭に戻るには相当に抵抗があるようで、水しぶきが激しく飛び散った。

　これをきっかけにしたようで、翌日からナリマサは何度もこの杭を利用するようになった。**ナリマサは、巣から出ると迷わず杭に向かってできる限り滑空した。川幅をいっぱいに使い滑空の要素をうんと強めたのである。ここで、滑空する快感、ダイブする快感、汚れた体を洗う快感を取り戻す手段を手にしたと思われる。**

　先代のトシイエたちが始めたカーブして滑空して戻ってき、岸辺の舟まで飛んでいたがそれよりはるかに大胆というべきであろう。

　しかし、ナリマサのつがい相手のオハルは、とても控えめと見えて、巣から出てすぐに滑空して下りてきて、土手を越えるとすぐ下にある大岩に急に減速して下りるほうが落ち着くのか、それともそれまでの習慣を変えるのに抵抗を感じていたのか、よく分からない。

注：この杭は、昔の堰の構築物の一部。中矢口堰（なかやぐちせき）と呼ばれているが、この時期になって、堰の全体が少し盛り上がり、特にこの杭は目立って水面から上に突き出していた。

## オハルも杭を使いだした

オハルが問題の杭を使うようになったのは6月7日のことである。ナリマサの行動が始まって17日たった日に真似をしだしたことになる。彼らの雛が巣立ちをする1週間前のことであった。

彼らは生得の行動に従ってばかりいるのではないようである。個体差はあるが、何かに背を押されるように新しいことを始める。ただこの行動が他の個体に伝わるには時間がかかるようであった。彼らは相手のしていることが何を表しているか理解している。しかし、それを真似るには自分の性格の壁を越える必要がある。相手の行動を覚えていて、時間をかけて実現するものとみられる。

**この場合でも、雛の巣立ちという、生き物にとっては喜ばしい事柄が間もなく始まるという頃合いであったことが、このオハルの行動の引き金になったと私は見ているのである。**

ここまで、私は、この広島市内の田んぼと川の鳥たちの伝達の様子を語ってきた。どちらの場合も、その行動の一部を取り上げ、それが情緒的反応と断定してしまいたくなかった。すでに語っているように、外界の出来事に対する直接的反応の、その中に彼らの真実があると言いたかった。その情緒的と思われている部分に無理に理論という物差しを当てはめて生き物たちを決めつけてしまいたくなかった。

第5章　鳥たちは「表現」する

　できる限りあるがままに接し、彼らの語るところに耳を傾けたかったのである。**彼らは、生活の時々で、喜びを感じているようだし、それによって彼らの内部では爽快感があふれており、遊びのような行動の形も生み出している**と私は確信するに至った。出来る限り彼らの行動を自然のままに受けとめ、そこに滲み出す心のうちに分け入ろうとして観察を続けてきたのである。

　こんなことはあまりに情緒的だと思われることは分かっている。「反擬人主義という支配的なパラダイムの原則に反しているため、それと同じ運命をたどることが予想される。」というつぶやきに近い言葉を引用しているセオドア・ゼノフォン・バーバーの『もの思う鳥たち』（p.218）を読んで私は妙に納得しているのだ。

　ここでもう一つバーバーの言葉を引用しておきたい。この人の長い観察から生まれた考えは、「鳥たちは、簡単な思考をし、単純な感情を持つことができるばかりでなく、普通の人たちと同じように、意識があり、知的で、思いやりをもち、感情を抱き、個性的でもあるという予想しなかった結論である。」（p.217）というものである。

　今回取り上げて語ったヤマセミについて私は強く思ったのである。彼らの意識の微妙な揺らぎ、大きな波、激しい高まりなど、ずいぶん多様な行動の形となって我々の目に見えるようになっていた。彼らはいろいろと意識している、つがいの相手の意識を想定している。相手の意識を想定しながら自分の意識をその相手に示している。相手はその行動の意味を認識してい

た。そして相手のその思いに反応して行動に移った。これを見過ごすことはできない。語ってきたのはこのことである。

　我々は考え直さなければいけないと思う。人間は自分のものの見方を自分でしばっている。開放しないといけないのは人間なのだ。人間は、自分の精神のしばりを解き、色付きの眼鏡をはずして、人間以外の生き物を見る必要があるように思う。ただ、それにはとても長い時間がかかりそうだ。人間を見る時でも同じことが言えると反省気味になって私は日々を過ごしている。

# 付　　録

　この本で取り上げたヤマセミたちは、私が住んでいる川沿いで実際に観察してきたものたちである。彼らは広島市を流れる太田川の中流域に棲んでいた。棲んでいるといっても、正確には繁殖のために上流から下ってきて、それが済むと、この場を去り、また秋には次の繁殖の用意のため姿を見せることを繰り返す。だから、例年7月中旬から9月中旬までこの観察現場には彼らの姿がない。

　その9月中旬にこの場所に現れると、雄雌2羽で巣穴の補修にかかる。というのはそれが次の繁殖活動の始まりで、現れた時はいつもすでにつがいになっている。それで、どのようにつがいが形成されるのかを探る機会はなかった。

　また、この繁殖現場がいつも安泰であったかというと、この13年間に1度だけ縄張り争いがあった。一羽の雄がこの繁殖の場所を乗っ取ろうと試みたが（p.175を参照のこと）、その試みは成功しなかった。2012年3月1日のことである。

　ここで語っておきたいのは、縄張りが次のつがいに移行する時のつがい同士が見せたそれぞれの事情である。一組のつがいがその活動を収束して、次のつがいがどの様にこの繁殖場所をそっくり受け継いだか、経過をたどって記録しておくことにしたい。二組のつがいとは、トシイエ、オマツと名付けたつがいと、次のナリマサ、オハルのつがいである。トシイエのつがい

の観察は2007年から2012年まで、ナリマサのつがいは2013年から2018年までの観察に基づいている。

## トシイエのつがいに変化

上に語ったように、トシイエのつがい、特にトシイエ自身は、2012年3月の侵入騒動に耐えていた。しかし、その秋から様子は怪しくなった。怪我をしたわけではない。それにその後の侵入騒動も私は見ていない。ただ、つがいの動きがいつもとは明らかに違ってきた。

その秋の10月26日にトシイエのつがいが活動を始めた時は、いつもの年と何も変わるところはなかった。

いつもの縄張りに現れて、早朝に見せた2羽によるフライ

付録の① トシイエとオマツ（元々の止まり木）

ト・ディスプレイはその時期3回あった。もちろん2羽で巣に向かって飛ぶ姿もあった。上流からオマツが帰ってくると、それに応じてトシイエはギュルギュルギュル……と鳴くことも時にあった[注]。

注：この鳴き方は、例えば巣に入る相手に対して鳴きかけるもの。巣の中と前で鳴き交わすこともあり、巣作りの高揚した気持ちがあふれ出しているところがある。高い声ではないが、低くつぶやくように甘えた調子をその声に乗せて相手に語りかけるのである。

11月16日には2羽で迷うことなく巣に入り、その日は2羽ともに活発であった。しかし、12月21日から雌のオマツしか出てこず、25日は激しい雪の中2羽で現れたが、動き回る（飛び回る）のはオマツだけである。オマツが、あの第1柳の高い見張りの枝に止り見張りについている。オマツも恐らく何かの異常を察していたであろうが、オマツが一羽でその枝にとまり続けるのにも違和感があった。私も不安に襲われていた。

2013年になった。年が明けてもこの状態は変わらず。1月28日まで雌しか姿を見せなかった。雄のトシイエは中州にいるらしく、散発的にキッ、キッ、キッと鳴く声は聞こえた。

## 新しい雄（ヤマブキの君）が出現

2013年2月10日になっていた。その朝、気が付くと、新しい雄が現れていた[注]。こっそりと追われているように飛び回っていた。それは、止るところが第3柳であること、中心部から

離れていることに表れているようであった。つまり、相当行動は遠慮がちなのである。私の観察している 250 メートル地点の方ばかり向き、何か、トシイエの縄張りには関心を示していないことを表明しているかのような様子がよく表れていた。用心深く縄張りの中心部の縁を動き回ったのである。

注：この雄、私の観察ポイントのかなり近くに来るので、250 メートル地点の腰掛石に座ったままで、よくよく観察する機会があった。写真撮影もして、識別もできた。その胸の帯にある黒い斑紋の間の黄色の色が目立っていたので、その場で「ヤマブキの君」と命名することになった。トシイエはといえば、胸の帯にほぼ黄ち色いところはないと言ってもよかった。写真を撮り、うんと拡大すれば、うっすらと黄色い点が2つあるとも言えるという具合である。ともかく、どこにいてもこの2羽の雄はすぐ判別できた。

一方、トシイエはどうしていたか。3月1日の記述をたどろう。早朝、250メートル地点の腰掛石に座ると、中州で時にキャッ、キャッと声がするだけ。しばらく待っていると中州の切れ目にあるお気に入りの木に出てきた。ただ、それっきり

付録の②　ナリマサとオハル（新しい止まり木）

で、川上に姿を消してしまった。

　これまで、この春先の時期、雄のこのような行動を見たことがなかった。トシイエが自分たちの活動中心部を外れて中州で過ごし、巣に向かわないなど普通の年では考えられないのだ。新しい雄は遠慮がち。元の雄、トシイエは中州に隠れているような状態。このようなお互いの様子の探り合いといっても差し支えない雰囲気が私の観察地には漂っていたのである。

2月14日　　　ヤマブキの君がつがいになって出現。
3月4日　　　そのヤマブキの君がトシイエの縄張りを自由に飛び始めた。トシイエたちが使っていた巣のある場所を中心に活動。ここで、ヤマブキの君をナリマサと改名、雌をオハルと呼ぶことにした。この次の日、3月5日はとても寒く、家を出ようとしたら、車の窓に氷が張っていた。そんな時期である。

　ここの私の観察地は、新しいつがいの縄張りになった。目を見張るような活動劇は何もなかった。その理由はよくわかっていない。トシイエの活動がぐんと下がり、巣のある場所にも出て行かず、中州に潜むばかりであった。そこのところに、ごく慎重にナリマサが進出して、間もなく雌を引き連れて縄張り中心地で行動し始め、縄張りは自然にナリマサに移ったことを示していたのである。この13年間で目撃できたただ一度の縄張り交代劇であった。

## 縄張りの主の交代を時間の経過で見る

**トシイエ**

- 2012.1.1 すでにトシイエの不活発さが目立つ。オマツだけが動き回っている。
- 2012.3.1 侵入雄あり。トシイエと激しく争う。トシイエはその個体と約1間半くんずほぐれつの闘争の末、その侵入個体を追い払う。
- 2012.4.14 トシイエつがい抱卵交代を始める。
- 5.4 孵化した模様である。
- 6.10 巣立ちをした。トシイエ最後の繁殖だった。
- 2012年末 トシイエはとても不活発。
- 2013.1.1 オマツだけが朝川上から出てくる。9日までヤマセミの姿なし。1月30日になってもオマツだけが出てくる。

> 2013.2.14 新しい雄(ヤマブキの君)出現。慎重であるが、目立つところで動き回る。その後、この雄をナリマサと改名。

**ナリマサ**

- 2013.2.21 識別のため、ナリマサのつがいを撮影。ナリマサとその連れ合いと判明。
- 2.26 ナリマサのつがいは、巣穴のあるコンクリートの擁壁を一緒に点検してから上流に消えた。
- 2013.4.16 ナリマサつがいの抱卵交代が始まったようだ。
- 5.10 孵化した模様。
- 5.11 小魚を巣に運び始めた。
- 6.13 巣立ちをした。ナリマサ最初の繁殖だった。

メモ：多くの繁殖例から見て、卵は21日で孵化。34日で巣立ちとなるようである。2008年では孵化してから巣立ちまで34日、2009年では36日であった。
　何度も繰り返すが、この観察のほとんどは彼らの巣から300メートル、増水などでそれが不可能な場合は、250メートル地点から行っていた。

# 引用文献

N.ティンベルヘン、『動物のことば』、渡辺宗考他訳、みすず書房、1971年

山階芳麿、『日本の鳥類と其の生態』、出版科学総合研究所、1980年

ドナルド・R・グリフィン、『動物は何を考えているか』、渡辺政隆訳、1990年

ブルーノ・タウト、『日本美の再発見』、篠田英雄訳、岩波新書、1994年

セオドア・ゼノフォン・ハーバー、『もの思う鳥たち』、笠原敏雄訳、日本教文社、2010年、平成22年

金森修、『動物に魂はあるのか』、中公新書、2012年

鳥飼玖美子・苅谷夏子、苅谷剛彦、『ことばの教育を問いなおす』、ちくま新書、2020年

塚本洋三、『自然語り』BPA写真帖、バード・フォト・アーカイブス、2023年

中林光生、口絵写真「タマシギ雌のディスプレイ」、『野鳥』、334号、日本野鳥の会、1974年7月、(S.49年)

WWGH（執筆は中林光生、水田國康、野津幸夫、東常哲也）『大きなニレと野生のものたち』、文芸社、2004年

中林光生、『あるナチュラリストのロマンス』、メディクス、2007年

中林光生、『街なかのタマシギ』、溪水社、2018年

中林光生、『柳林のヤマセミたち』、溪水社、2020年

中林光生、『Grandeひろしま』（グリーンブリーズ）に現在連載中の「不思議の国の観察者」。

Jane Harrison, *Ancient Art and Ritual*, 丸善株式会社、1961年

N.Tinbergen, *Social Behaviour in Animals*, Chapman and Hall,

1965Cleanth Brooks, *Understanding Poetry*, Holt, Rinehart and Winston, 1966

Jerome J. Mcgann, *The New Oxford Book of Romantic Period Verse*, 1993

## あとがき

　不思議な生き物がずっと身近にいた。約40年前にはタマシギたち、そして最近ではヤマセミたち、それらが発信している言葉にならないもの、見えないものに心を傾ける機会に私は恵まれてきた。
　すでに、『街なかのタマシギ』、そして『柳林のヤマセミたち』を書いてきたが、まだどこかに書ききれていないものを感じていた。
　ある冬の朝、ちょっとした思いの断片が浮かび上がった。この本を書き始める2か月ほど前だ。はじめは、私が鳥の写真を撮る時に何を考えているのか。その楽しさの核心に何があるのか。そして、何かのために役立っているのか。などなど、きりがなかった。ただ、そこから私の心の奥にしまわれたままのものが、だんだんとそれなりにまとまった形を見せ始めたのである。

　取り上げた2種類の鳥たち、タマシギ、ヤマセミの表情に、仕草に、その命の声を聴こうと観察し続けた記録に基づいて私の思いを書き留めていった。
　私の経験主義的な態度はもともと変わりようがない。その地点に立ってしばしば考えた。我々はなぜ鳥たちを、生き物を観察するのか。徹底して科学的な人でも、そうでない人でも、その根っこのところでは、生き物たちにできる限り接近したい、よくわかりたい気持ちには変わりないだろう。

ただ、よくわかりたいと言っても、人間は千差万別、すでにその出発の時点で、大きく道が分かれる。人間はもともと欲深い。とめどなく自分の思いを推し進める。人間中心主義が前面に押し出てくる。そして則（のり）を越えてしまいがちだ。

　肝心なのは、人々が相手にしているのが生き物だということである。観察は生き物のためのもので、観察者、或いは研究者のためのものではないと私は思っている。だから、私は特別に何らかの実験装置を考えて彼らを試したこともない。できる限り彼らの自然な生活の実態に触れ、その真実を知りたいのだ。

　結果的に実験に見えそうなことをしたとしても、それは、彼らがどうしても欲しそうにしているものを、少し私によく見えるように工夫しただけである。例えば止まり木などがその典型だ。どうしてもそこにとまる場所が欲しいことをその行動で示していたので、作ったのだ。更に、彼らがしきりに使っている舟は冬場に陸にあげられるので、水中に足場を作ったのである。この2つは実によく使ってくれ、どれだけたくさんのことを教えてくれたか分からない。

　計測がなかなかむずかしいこともある。ただ1回しか観察できなかったこともある。しかし、それは私にとっては、事実の積み重ねを越えたもの、彼らの生活の、命のつながりの中の真実なのだ。

　いくら沢山「科学的」事実を積み上げても、それが事実の束としか見えないことがある。ただ、計測できないところに真実と思える姿をちらりと見た経験を持つ人があるだろう。それが実は一番重要なのだと私は信じている。

　私の歩み方が博物学的だとして、私は生き物の示すわずかな

あとがき

　真実を忘れたくない。生き物が主人公なのだ。生き物たちは我々人間と同じ生物である。人間中心主義の衣を脱ぎ捨てて進みたいのである。

　この気持ちはタマシギの観察を始めたころから一貫して変わらない。私の情緒の部分で心楽しさが失われるようでは、何をしているのか分からない。そのことを含め、この２種、タマシギとヤマセミを見渡しながら、私の心の中でモヤモヤしていたものをもう少しはっきりと取り出してみたかったのである。

　しかし、今日の何が何でも科学的な世の中で、鳥の内面など証明のしようもないことを語る、しかも何の道具もなく、理論という武器の助けを一つも受けずに説明するなど、はなはだ心もとないことに違いない。ここで心配してもすでに私は広い海に出発してしまっているのだ。それでも、幸い私は先達たちの知見に支えられ、難破することもなく波に揺られてきた。それよりなにより、私はこの航海に大いに満足し、楽しんでいるのである。


　広い海のような生き物観察の世界に似たような人はいないかと思って見渡していたら、そんな人はちゃんといるではないか。例えば、ドナルド・R・グリフィンという人だ。この地位も名声もある人でも、その著書、『動物は何を考えているか』の中で、「動物は考えて行動していると言おうものなら、とたんに批判を受ける」（p.14）と言う。

　ただ、困った時は人頼みというところがあるのが面白かった。例えば、「動物にも意識があるかという問題を論じるにあたっては、……当代の……哲学者からの引用が適当だろう。」

(p.14)とその思いを告白するのである。

そしてその哲学者は次のように語ると付け足す。

ポッパー（Popper, 1974）いわく、「この行動主義的な哲学は現時点では大はやりだが、私に言わせれば、意識は存在しないとする説は、物質など存在しないとする説と負けず劣らずまともには受け取れないものである。」(p.14)

これなど、私にとっては頼りになる救命艇に違いない。さらに、私が語ってきた「信号」に関してグリフィンが触れているところがあるので、引用してみよう。

「動物同士が送り合う信号を観察すれば、人間も動物の感情的な状態を知ることができるということを否定するには、動物は苦痛、空腹、苦悩、性的衝動などの主観的な経験を体験しているということまでも否定しないわけにはいかない。」(p.219)

これなどとても興味深い。このように遠くの大きな船をはるかに眺めながら、大海のうねりを感じつつ、それでも救われた気分になって、私はただ一人小舟の旅を続けてきた。

私の観察の仕方は独りよがりで、無謀であるかもしれない。私の観察地の観察資料に限っても、これで十分というわけではないかもしれない。どこまで行っても、タマシギといい、ヤマセミといい、生き物の内面の広がりは海のように広く、それを語りつくせないし、もちろん理解できないことがいくらでもある。どこにも行き着かないのかもしれない。それでも、生き物に囲まれて、私のできる範囲でヤマセミたちの心の動きを辿ってきた。それだけでも心満たされることではないか。

# あとがき

　振り返ってみれば、あんなに相性のいいヤマセミたちに囲まれていた 10 数年は何とも得難い天然の贈り物である。ヤマセミたちは、人の出入りが多くなったせいか、姿を消した。それが潮時と思い、2 年前に『柳林のヤマセミたち』を書くことに思い至ったのである。

　今回のこの『鳥のことばを語る』で使った資料（さし絵も）は前著とダブる部分も多いが、私のヤナギ林観察日誌と観察記録用ファイルに当てる光の角度を少し変えてみるために必要であったからである。私の主張したいところが生かせていれば幸いである。日誌には、沢山の生き物たちに教えられたことが時間を追って記録されている。記録用ファイルはヤマセミたちの内面を辿った記録であるとともに、生き物の実情を取り上げたものである。数え上げればきりがないが、長い間多くの人々に助けられてきた。さし絵の諸本泉さんは勿論、溪水社の社長、木村逸司氏、そして溪水社の皆様にはずっとお世話になった。それに何より屈託のないヤマセミたちに囲まれ、私はなんとも恵まれている。有難いのである。

2023 年 6 月 26 日　　　　　　　　　　　　　　　中林光生

## 索　引

**【あ】**

合図する　23
あずまや　64
遊びの要素　154
新しい雄　173
ある種の快感　120
Understanding Poetry　92
怒りの行動　158
生き物の「意図」　26
Expostulation and Reply　148
意向　79
意識的　39
石の腰掛　7
イソシギ　119
一種の快感　152
一体化する　13
愛しげ　111
意図を持った行動　23
祈りのポーズ　79
入り江　160
in a wise passiveness　148
involuntary expressions　24
wing-up　28
牛田のタマシギ　11
薄青色の洗面器　96
ウラギンシジミ　103
ウルシの木　4
Ancient Art and　Ritual　155
エノキ　94
F田メス　51
emotional language　25

"emotional" な言語　34
大岩　160
『大きなニレと野生のものたち』　6
太田川　63
オオムシクイ　101
雄雌のいさかい　138
オハル　25, 175
尾をピンと立てる　135

**【か】**

カイツブリ　68
開発者はオマツ　161
科学的理論　20
カケス　89
カシラダカ　70
家族のだんらん　98
滑空飛行　124
桂離宮　66
カメラ　11
カラス属　89
河原守り　94
冠羽をたて　135
冠羽を伏せ、服従の姿勢　81
感情移入する　19
観照の対象　16
感情の伝達　133
感情の爆発　141
感情を抱き　169
簡単な思考をし　169
擬人化　147
キツネ　90

気分　137
木村逸司氏　183
キャラキャラキャラ……　122
急なブレーキ　160
ギュルギュルギュル……　173
ギンヤンマ　103
嘴のくわえごっこ　97
『Grande　ひろしま』第51号　84
小石運び　164
小石をもてあそぶ　77
高山地帯　106
コオロギの声　14
5月26日　8
故郷喪失的な性質　18
心　ⅱ
「心」の表れ　9
個人の自由　95
個性的でもある　169
『ことばの教育を問いなおす』　89
5分間　152
小堀遠州　66
ゴミ山ハイド　14
コメボソムシクイ　101
コレクション　78
コロニー状　45

【さ】
サイタカアワダチソウ　72
魚を巣に運ぶ　166
坂町の調査　62
サクラタデ　9
ササゴイ　117
さし絵　22
sunny solitude　91

サンザシ　85
サンテクジュペリ　148
300メートルポイント　12
James Stephens　92
Jane Harrison　155
Signalling　23
自己の意図　44
自己表明　131
『自然語り』　38
シメ　84
写真　22
趣味　78
情緒　ⅱ
情緒的経験　18
情報社会　95
常緑樹　160
シンコロナイズ　119
親戚の叔父　17
侵入騒動　172
巣穴の補修　171
水中の足場　78
巣間距離　52
巣立ち　176
セオドア・ゼノフォン・バーバー　169
爽快な気分　152
Social Behaviour in Animals　23
そっぽを向いたまま　135

【た】
ダイブ　79
立ったまま　59
旅立ちの木　65
W.U.　28

チョウゲンボウ　86, 148
直接的反射運動　27
知力　78
つがいの「舞」　117
塚本洋三氏　38
ツクシガモ　81
翼をあげる動作　28
tame　88
ティンバーゲン（N.Tinbergen）
　iii, 23
deliberate speech　24
展望台　64
道具を使い　81
『動物に魂はあるのか』　18
『動物は何を考えているか』　181
東洋的な私の感じ方　26
ドナルド・R・グリフィン　181
drive　146
トラフズク　95
鳥たちの内面　17
鳥のことば　3
土塁のような　57

【な】

中矢口堰　167
ナナミノキ　93
ナリマサ　25, 175
縄張り争い　171
西中国山地の山小屋　6
250メートル地点　12
『日本美の再発見』　66
2卵を産むと　49
人間中心主義　102, 148
ノイバラ　91

のけぞるナリマサ　156

【は】

persuasion（説得）　26, 44
ハイド No.2　76
ハシボソガラス　89
羽根繕い　161
ハヤブサ　113
反擬人主義　169
反抗の気配　136
ヒゲコガネ　72
雛の滑空　114
孵化　176
フライトのためのフライト　126
ブルーノ・タウト　66
古ぼけた石に腰掛け　148
ブレスナー　18
プレゼント　142
抱卵開始　98
『星の王子さま』　88

【ま】

『街なかのタマシギ』　30
ムラサキツバメ　92
瞑想　16
雌が魚をプレゼントする　81
メスがにじり寄る　74
目に見える形　159
目に見える形を与えて生活　146
メボソムシクイ　5
モウセンゴケの群落　17
木片を拾い上げてき　81
物語　18

【や】
矢口のヤマセミ　11
『野鳥』334 号　37
ヤナギ林　68
山階芳麿　84
ヤマブキの君　173
様式の発生　155
横腹を小突く　157
喜ばしき事柄　168
喜びに背中を押される　164
喜びを発散するための言語　34

【ら】
リスアカネ　103
漁師さん　5
林縁部の生き物たち　14
ルリビタキ　105
60 倍の接眼レンズ　97

【わ】
ワーズワース（Wordsworth）　19,
　148
藁くずを拾って見せた　52

**著者**

中林　光生（なかばやし　みつお）

1940 年　新潟県長岡市生まれ
1966 年　関西学院大学大学院文学研究科（英文学）終了
1985 年　ケンブリッジ大学 Pembroke College に遊学、RSPB（The Royal Society for the Protection of Birds）の支部、ケンブリッジ・メンバーズ・グループに所属
2005 年　広島女学院大学名誉教授

著　書　『大きなニレと野生のものたち』（共著）文芸社　2004 年
　　　　『あるナチュラリストのロマンス』メディクス　2007 年
　　　　『街なかのタマシギ』渓水社　2018 年
　　　　『柳林のヤマセミたち』渓水社　2020 年
　　　　『ナチュラル・ヒストリーのよろこび』渓水社　2022 年
論　文　「湿田のタマシギ」『アニマ』平凡社　1980 年
　　　　「野鳥は祠と共にあり」『夏鳥たちの歌は今』遠藤公男編　三省堂　1993 年

鳥のことばを語る

　　　　　　令和 6（2024）年 11 月 10 日　初版第一刷　発行
著　者　中林　光生
発行所　株式会社渓水社
　　　　広島市中区小町 1-4（〒 730-0041）
　　　　電話 082-246-7909　FAX082-246-7876
　　　　e-mail: contact@keisui.co.jp

ISBN978-4-86327-658-1 C0045

## 好評既刊書

# 街なかのタマシギ

**中林光生**／2,800 円　ISBN978-4-86327-428-0

変わりゆく環境の中で衰亡していくタマシギに寄り添い見守り続けてきた著者が6年間の観察を記した、ナチュラリストの記録。

第1章　牛田のタマシギたち―草むらの平穏な生活者―
第2章　夜の暗がりとタマシギたち―人工のプールを独占する雌がいた―
第3章　タマシギたちの言葉―草むらの声・体の動き―
第4章　タマシギの男時・女時―雄と雌は互いの立場をすり合わせる―
第5章　タマシギたちの縄張り―群れて生きるものたち―
第6章　命をつなぐタマシギたち―巣作り・抱卵・育雛―

# 柳林のヤマセミたち

**中林光生**／2,500 円　ISBN978-4-86327-504-1

ナチュラリストである著者が克明に記す、一組のつがいとの劇的な遭遇を基端とする13年間のヤマセミたちの記録。

第1章　川辺の楽しみ―川風に背をおされて―
第2章　ヤマセミを観る―観察したくてたまらない―
第3章　ヤマセミの雄と雌―頼り合い支え合う―
第4章　思いは姿に表れる―楽しみ・共感するヤマセミたち―
第5章　ヤマセミの親と若鳥たち
第6章　ヤマセミの林の生きものたち

# ナチュラル・ヒストリーのよろこび

**中林光生**／2,500 円　ISBN978-4-86327-593-5

大学で教鞭をとる傍らG.ホワイトの書簡に打たれ自らナチュラリストとして自然とそこに生きる物たちの生態を観察し続けた心の記録。

第1章　ナチュラリストの肩書
第2章　身近な自然に旅をする
第3章　生き物をそっと見る
第4章　思いは時空をこえて
第5章　情緒的な観察者
第6章　河原の自然はものがたる